窗帘设计指南

金涌 著

Curtain Design Guide

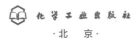
化学工业出版社
·北 京·

内容简介

本书全面介绍了窗帘设计行业的从业知识，从前期准备阶段的设计素材库建立、窗帘陈列，到窗帘款式、配件等设计基础知识，再到如何接待客户、上门测量、设计窗帘方案，最后是客户签单与安装售后等。全书旨在全面展现窗帘设计师工作的具体内容及流程，对于面辅料知识、窗型与款型、生产工艺及安装技术要点等均有介绍，囊括了窗帘设计人员需要掌握的方方面面。

本书可作为窗帘设计从业人员的基础工作指导手册，对于刚刚入门的窗帘设计师也同样适用。

ISBN 978-7-122-44460-8

图书在版编目（CIP）数据

窗帘设计指南/金涌著． —北京：化学工业出版社，2024.2
ISBN 978-7-122-44460-8

Ⅰ. ①窗… Ⅱ. ①金… Ⅲ. ①窗帘－室内装饰设计
Ⅳ. ①TU238.2

中国国家版本馆CIP数据核字（2023）第220746号

责任编辑：孙梅戈　　　　　　　　　　　　　文字编辑：刘　璐
责任校对：宋　玮　　　　　　　　　　　　　装帧设计：尹琳琳

出版发行：化学工业出版社（北京市东城区青年湖南街13号　邮政编码100011）
印　　装：中煤（北京）印务有限公司
710mm×1000mm　1/16　印张17¾　字数295千字　2024年5月北京第1版第1次印刷

购书咨询：010-64518888　　　　　　　售后服务：010-64518899
网　　址：http://www.cip.com.cn
凡购买本书，如有缺损质量问题，本社销售中心负责调换。

定　价：159.00元

窗帘设计很难！

窗帘设计为什么难？

窗帘设计并不像有些人想的选两片布挂在窗户上挡一下光这么简单。它跟服装设计一样，针对每一个设计对象都可以创作出丰富的款式造型及不同的面辅料搭配。

但窗帘设计也不是天马行空，会受到各种条件的限制。一份专业的窗帘设计方案，除了要满足最基本的客户对窗帘所期望的功能需求及审美喜好以外，还必须充分考虑所设计的窗帘的款式、生产工艺要求，以及项目现场的安装施工条件……简单说来就是：必须保证你设计的窗帘能做得出来和装得上去。

这两个关键问题如果不在设计初期就非常明确地解决，那后续所有的工作都将是无知者无畏的冒险……

作为一名新手设计师，对于什么款式的窗帘能够做得出来，针对不同窗型怎样才能装得上去是普遍缺乏认识的。这需要长期系统地学习，以及大量项目经验的累积。

窗帘，是所有家居软装品类中最为复杂的商品！

乍一看到这句话，很多人也许会有丝惊讶或不以为然，但当人们越是深入了解窗帘设计行业，就应该越认可这句话了。那么到底为什么跟其他家居软装商品相比，窗帘是最为复杂的呢？

1 窗帘是所有软装品类中最需要量身定制的商品

家具、地毯、灯具、饰品、挂画……这些商品，通常都是销售标准产品，即客户在商场看到的商品样品跟最终买回家的商品是一模一样的，所见即所得。

而窗帘不是这样，因为窗户的规格千变万化，想要达到合体的效果，客户购买窗帘时，除了根据主观喜好选择面料、辅料、轨道配件这些基础原料商品以外，更重要的是需要根据自家窗户的实际尺寸和安装条件去量身定制。它们属于"非所见即所得"的定制商品，这是窗帘有别于其他软装商品最特殊的地方。

当然，行业内也有标准化了的布艺成品窗帘。比如IKEA（宜家家居），它们通过收集全球（主要是欧美）住宅窗户规格的大数据，总结出几种能符合更多窗户规格的窗帘固定尺寸（类似床品的尺码），然后大批量生产，最终像浴帘或床品那样简易包装，便于客户购买后能直接从商场拿回家。此类窗帘商品不会附带设计及相关测量安装服务，需要客户自己安装悬挂。而此类窗帘的尺寸也大概率同客户家的窗户不完全匹配，需要自己改一下尺寸，或者就这样忍受它的不完美。

成品窗帘

　　这样的非定制布艺成品窗帘通过规模化量产以及剔除配套服务来降低成本，可以满足那些预算有限、对美观效果要求不高，并且还有些DIY能力的客户的需求。布艺成品窗帘在不同的国家和地区有不同的市场占比，而无论在哪里，但凡有能力追求完美的客户，一定会选择定制窗帘。

定制窗帘

　　窗帘的量身定制，难就难在要向客户提供专业的技术服务，这里面需要学习的内容就太多了。

2　窗帘是所有软装品类中项目流程最复杂的

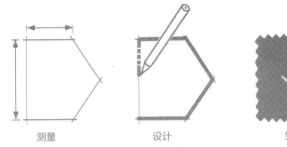

测量　　　　　　设计　　　　　　生产　　　　　　安装

　　定制窗帘是"非所见即所得"的商品。从最初的一块面料、一条花边、一根窗帘杆……变成最后挂在客户家窗前的精美的窗帘，要经过一个漫长而复杂的过程：测量—设计—生产—安装。其中的每个环节都有诸多专业技术要求，任何一个细节的不到位都会影响最终产品交付的质量。这也就意味着：定制窗帘业务必须要有一套专业成熟的操作流程。作为设计师，对其中各个环节的技术要求都要清清楚楚。

3 窗帘是所有软装品类中产品构成最丰富的

一个窗帘项目可包含的产品内容繁多：窗帘面料、辅料、配件、窗帘杆、轨道，以及各种成品窗帘窗饰、智能操作系统。每一类产品都有其各自的特性卖点和技术要求、售卖方式和销售流程、加工生产及安装施工规范，所有这些产品的专业知识，设计师都要充分掌握，才能做好定制窗帘的设计工作。

目前还没有专门教授窗帘设计系统知识的专业学校和机构。很多开始涉足这个行业的新手设计师，要么出身于室内设计、家纺设计、服装设计等专业，要么是由窗帘店面销售岗位、管理岗位甚至是窗帘加工岗位转型而来。他们或多或少有一些各自的专业技能或岗位经验，但面对窗帘设计这么丰富又庞杂的专业知识，往往会无从下手，也几乎找不到可以学习参考的书籍。

这本《窗帘设计指南》，就是想为这些朋友提供系统又全面的指导。

目录

第 1 章
"弹药库"

什么是"弹药库"?

作为一名刚入行的窗帘设计师，怎样才能开启自己的专业之路呢？立即着手建立一个自己的"弹药库"，比什么都重要。

什么是"弹药"?

如果将设计师比作战士，为每一位客户设计窗帘就好比一场战役，在上战场之前，你多少要学会某种或多种"武器"的使用技能，如：手绘、AutoCAD、PhotoShop等。

但光会熟练使用这些"武器"也是远远不够的，那只能代表你可以胜任制图员的工作。要想取得设计战役的胜利，除了经验和天赋，最基础的是看你的"弹药库"是否强大，"弹药"是否充足且有杀伤力。这个"弹药"就是设计素材。足够丰富、优质的设计素材，是让你做出成功设计的前提条件。

"弹药"（设计素材）

- 设计工作中大量的时间会被用在找素材上，为了能方便自己工作时可随时随地快速查阅调用设计素材，所有的"弹药"必须被整理成库。定期对设计素材进行采集、整理、分类、归档、更新……这便是"弹药库"的建设。

- "弹药库"是设计师的工作所需。只有拥有了内容丰富而系统的设计素材储备之后，才能在遇到各种各样的窗型及客户要求时，迅速迸发出灵感，找到解决之道。

- 建立"弹药库"是设计师学习的过程。收集整理设计素材的过程，本身就是个很好的探索与思考的过程，这是设计师工作中最基础又长期的任务。

窗帘设计相关的设计素材按其属性可分为：商品信息和参考资料。

商品信息

窗帘设计服务的本质是卖给客户窗帘商品，可以售卖给客户的所有窗帘商品的相关资料信息都是窗帘设计师最直接、最基本的"弹药"。

参考资料

那些能够触发窗帘设计灵感的，无论是与窗帘相关的，还是与家居、建筑、面料、时尚等设计相关的参考资料，都是窗帘设计师用来提升自己战斗力的"弹药"。

"弹药"的分类

素材资料分类的方法有很多，分别建立在不同的视角维度及逻辑框架上，但并没有一个绝对最优的方法。分类这件事，并不是一蹴而就的，随着个人认知的成长，分类的框架和方法会不断更新、迭代、完善……最终，当你掌握了"弹药"的分类，也差不多算是行家了。

我们前面将设计素材按属性分为商品信息和参考资料两类，但这样的分类比较笼统，如果从更通俗的角度再细分下去，可以将设计素材分为四大类内容：自己的商品、自己的案例、别人的商品、别人的案例。

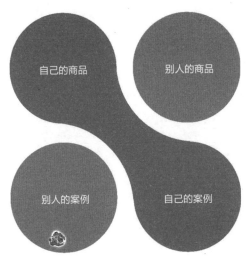

"弹药"的四大分类

5

自己的商品

设计师（及所在企业）可以销售的所有商品的详细资料，是设计师提供给客户的设计服务中最核心的内容。凡是在设计方案中需要呈现的商品的图片、型号、规格及其他信息，都应该完整清晰地收录。

能够向客户销售哪些商品？如何销售？在哪里能找到它们的详细信息？这些都是最直接的"弹药"，也是新手设计师首先要了解掌握的内容。

自己的案例

设计师（及所在企业）的项目案例资料。尽可能将所有案例资料都完整地整理归档。那些成功的案例作品可以在前期沟通时最有效地向客户展示设计师（企业）的实力，如果成功案例同客户项目的基础条件很接近，客户又非常喜欢，可以将这些成功的案例直接或部分复制（虽然很多设计师并不喜欢没有挑战的重复，但这的确不失为一种保险又高效的商业手段）。

而那些不怎么成功的案例，对于设计师来说，有更重要的反省意义，让设计师在以后做得更好。

别人的商品

这里指的是那些设计师所在企业暂未拥有的商品资料。现在没有不代表未来不会引进，作为设计师，参与新商品的发现、甄选、引进工作，本身就是非常重要的岗位职责之一。

一名有上进心的专业窗帘设计师，必须时刻关注行业内新产品的动态趋势，并且有着将最新最好的产品用于自己的项目方案的欲望。也正是这份欲望，推动整个行业向前发展。

别人的案例

"弹药库"中占比最多的素材，其实是别人的案例的图片。它们包含了不同时代、不同地域的各种家居陈设风格、装饰面料搭配灵感、窗帘/窗饰设计样式的资料等。

窗帘设计无法"闭门造车"，眼光有多开阔，设计思维才能有多广阔。无论你是新手，还是已经拥有一些设计经验，时刻保持关注别人的案例的习惯，是维持自身设计力持续提升的基础条件。

"弹药库"的三大部分

弹药库可以分为商品库、案例库、素材库三大部分,四种"弹药"分列其中。

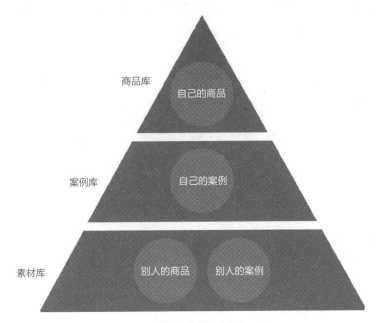

商品库

案例库

素材库

自己的商品

自己的案例

别人的商品   别人的案例

"弹药库"的三大部分

商品库

商品库是在每一个设计项目工作中实际运用的内容。自己的商品信息资料必须完整而清晰,工作起来才能得心应手。

案例库

案例库集中存放设计师自己的案例作品。它们是设计师工作成绩的总结,其内容质量也直接体现了设计师的业务经验与水平。在整个职业生涯中,设计师都应致力于案例库的建设。

素材库

放置别人的商品与别人的案例,它们可触发设计师的灵感,内容越丰富、分类越清晰合理,越好用。

"弹药"的形式

"弹药"的原始资料形式多种多样。除了各种供应商提供的商品样册样品、设计类书籍杂志这样的实体资料外，更多的是各种图片、视频、文档、表格之类的数码资料。数码资料又可分为直接资料和间接资料。

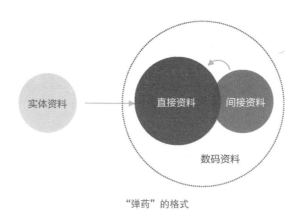

"弹药"的格式

实体资料

实体资料包括各品牌的商品样品、图册，与窗帘设计相关的书籍、杂志等。可通过拍照、扫描等方式将实体资料变成数码资料。

数码资料

直接资料　是可以直接使用的数码资料。如各类商品或案例的图片、视频、文档、表格或各种其他格式的电子文档。这些资料基本上都可以直接归档"入库"。有些时候，不同格式的资料根据需要也可以调整转换成相对统一的格式。比如将PDF文件中的页面内容都另存为图片格式，归档在相册里，以便使用。

间接资料　是相对间接的内容。如行业品牌类及设计类官网的专题文章、相关社交媒体的各类分享、专业素材网站的内容收藏，以及线上商城的商品信息……关于这些网络内容除了要做好网络收藏工作以外，也可以局部或整体下载保存并转换成需要的格式，将间接资料转变为直接资料。

总之，"弹药"的原始资料形式丰富而繁杂，要让这些原始资料变成合格好用的"弹药"，都需要通过转换与整合，这是"弹药库"建设的基础常规工作。

"弹药库"的体系

"弹药库"是个庞大而多元的系统。从最原始的存放各类实体资料的书架、资料柜、物料间，到最先进的可多设备同步管理的各类应用、云盘……都是"弹药库"的不同形式。

"弹药库"中的数码资料最为重要，它可以包含以下内容。

个人端

- 计算机/移动存储设备里的
  资料文件夹系统
- 手机/平板电脑里的相册
- 文档管理类应用程序
- 云盘

网络端

- 素材类网站/APP的个人收藏夹
  （Pinterest、Houzz……）
- 社交媒体类APP的个人收藏夹
- 行业相关网址收藏夹
- 网上商城的收藏夹

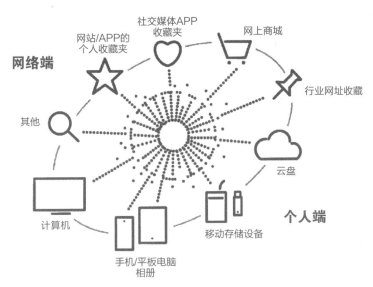

"弹药库"的体系

"弹药库"的建设在目前来说是个庞大的多维的系统工程，而随着科技的发展，一定会不断有新的方法让这个工作变得越来越便捷与高效。在这个进化过程中每个设计师都要保持一颗勇于尝试的心，时常去探索新的工具和方法，与时俱进。

9

"弹药库"的建设

"弹药库"的建设工作，大致为四个步骤。

1 采集获取"弹药原料"

2 整合、加工成适合的"弹药"

3 分门别类、整理入库

4 定期检查，更新迭代

窗帘设计师对"三大弹药库"（商品库、案例库、素材库）的建设都应遵循以上四个步骤。但其中具体的"四类弹药"（自己的商品、别人的商品、自己的案例、别人的案例）的获取和整理会有些不同的方法，我们来看看每个"弹药库"都是怎样建设的？

 商品库

商品库里有哪些"弹药"

商品库里都是自己的商品，即设计师能销售的所有商品的资料。这部分要采集整理的"弹药"包括：商品样品、商品图片、商品信息。

其中商品样品为实体资料，商品图片及商品信息为数码资料，这些是设计师日常工作中最常用也是最主要的"弹药"。

商品资料的获取

如果你任职的企业组织构架完善，拥有成熟专业的商品（或采购）部门来负责企业所经营商品的资料管理工作，那获取以上这些资料的工作将轻松很多。但如果你是在一家小型公司或工作室，那很多商品数码资料的采集整理工作往往就需要由"一专多能"的设计师来完成了。

供应商提供的商品资料

不同的供应商提供商品资料的方式不同：一些大品牌会在自己官网的产品板块呈现其主营商品的信息，专业度越高信息越完整详细；有些品牌会有专门服务于经销商的内网、商城、小程序等；而更多小型的供应商还是用最传统的电子文件的方式向经销商提供这些商品资料……这种多样性使得这些资料经常会有两类问题。

①**格式不统一**。不同的供应商会有不同商品资料的格式标准。有的是提供图文表格或是 PDF、PPT 等各类文档，有的则需要去他们的网站或应用软件上自己抓取这些信息。

②**信息不完善**。供应商之间存在专业能力的差异，有些供应商提供的商品基础资料不完整、不准确、图片缺失或质量不佳、信息过时未更新等，而且即使反馈了问题也往往不能及时解决。

那些格式不统一的"弹药原料"，设计师要花精力去将它们转换成自己的"弹药"格式，整合入库，使它们能最大限度地满足工作所需；而那些信息不完善的资料，只能协同商品部门不断去敦促供应商完善、更新商品信息。

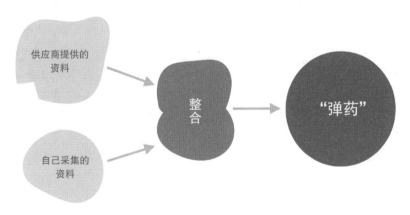

商品"弹药"的获取与整合

更多时候，设计师需要自己主动采集商品资料，并将它们与供应商提供的资料整合，让它们变成合格好用的"弹药"。这些工作包括：商品图片资料的制作、商品信息表格的制作、商品资料文件夹系统的建设等。

商品图片资料的制作

"弹药库"的建设，很大的一部分工作就是图片管理。这个工作尤其重要，最理想的状态就是每一件商品都有清晰、美观、详细的图片资料。

窗帘行业最主要的商品样品是面料供应商提供的面料样本或吊卡。但除了少量专业度强的大品牌能够提供所有这些商品的图片资料（通常是在官网上）以外，大多数供应商只能提供部分面料的产品效果图或根本不提供这些内容。

所以有些专业设计师的工作习惯是在拿到商品样品后，对每一件商品拍照，做资料录入。对于面料吊卡和样本中的每块面料也是会一一拍照，这就是自己在"造弹药"了。

面料商品照片的拍摄

窗帘设计工作中使用最多、要求最高的商品照片就是面料照片了，而面料照片相对来说也是最难拍好的。具体应该怎么拍呢？首先取决于这些图片的用途。

商品记录图　如果面料图片只是作为销售订单上的商品记录，那相对要求较低，可以用手机拍摄，能清晰展现面料商品的大致样貌即可。

材质特写图　如果是用于设计方案中的面料商品展示，那就要精细一些了，要能够准确呈现面料的颜色、材质及纹理细节的美感。当然也能用手机拍摄，但拍摄的采光、取景、构图以及后期的校色修图要求就比较高了。

面料材质特写

面料材质特写的拍摄与制作要点

- 将面料整理熨烫平整。
- 在尽量充足的自然光下拍摄。
- 成片裁剪成正方形构图。
- 将面料塑造出优美的起伏造型。
- 近距离对焦，拍出面料表面的肌理细节。
- 调色，还原真实美感。

效果图贴图

要求最高的是用于制作窗帘款式效果图的面料图片，无论是用三维软件还是用平面设计软件制作的效果图，都需要高度还原的面料图片作为贴图。这样的图片就必须用专业的布光和拍摄设备，以及后期修图才能制作完成。

专业面料摄影现场

如果是大花型面料，还会牵涉一个关键问题：花形图案的完整性。大花型面料是最需要制作成效果图让客户预判效果的，只有足够了解完整的花形图案及花距信息，才能在款式效果图上真实地展现一块花布做成窗帘的整体效果。而往往令人头痛的是：在面料样本上有限的面积之内是无法展现这些较大的完整花形的。虽然样本上也会提供面料的花距示意图，但示意图基本都是概括性的图案稿，甚至有很多还是单色的，无法体现面料的色调和质感，是不能用于效果图贴图的。这就不得不另外再采购一些面料来专门用于拍摄，然而这要付出额外的成本和精力，设计师要衡量是否愿意和是否值得付出。如果你提供的是相对高端的窗帘设计服务，希望用最专业的方案赢得客户，那么这些都是必需的。

面料商品图片资料的管理要点

- 修图校色，花布需拼花形。
- 图片重命名（以其商品型号命名）。
- 定期更新维护。
- 统一图片格式及尺寸。
- 录入产品相册、文件夹、平台系统等。

商品信息表格的制作

完整而详细的商品信息，是商品库中最核心的内容。无论什么品类的商品，设计师都需要掌握它们最基础的信息：名称、品牌、样式、如何使用、如何销售……如果更专业一些，还要知道该商品的优势、配套服务。

这些信息理应是由各个供应商提供全套资料及相关培训的，但鉴于前面所讲的众多供应商提供的资料会存在格式不统一、信息不完善的情况，所以往往需要我们自己来制作一套商品信息表格。

严格来说，商品信息管理这项工作应该由商品部门来主导。但我们站在一个设计师的角度思考，一方面，很多的小公司没有完整的组织构架，这些工作不得不交由设计人员来做；另一方面，在处理商品信息时，其中很多细节工作是需要以设计师的专业眼光来审视的，比如对面料颜色、风格、花形图案类型的专业判断。当然，新手设计师在这方面也是需要学习和积累的。比较好的方式就是多去看一些行业内大品牌官网的产品库页面，去学习他们的检索分类体系。

这些表格可以是一份总表带若干分类信息表。总表中的单项信息都可以根据需求拎出来做一份专项表格。这些分类统计信息表，可以让设计师直观又全面地了解

XX 商品信息总表　20250330

供应商	品牌	品类	品名	型号	图片

商品信息总表中的具体信息内容如下。

供应商　商品的供应商来源是最基础的分类标签。

品牌　同一供应商也会有不同品牌的商品。

品类　商品所属的具体产品类型，如：布、纱、轨道、花边……

品名　商品所属的系列名或版本名……

型号　商品的原始厂家型号或自定义新型号。

图片　统一格式的标准产品照，如有花位图也要放进表格中。

价格　根据表格所需，可以细分出很多价格，如采购价格、零售价格……

掌握自己的商品的各种基础情况，以便于工作中能快速找到自己想用的商品。

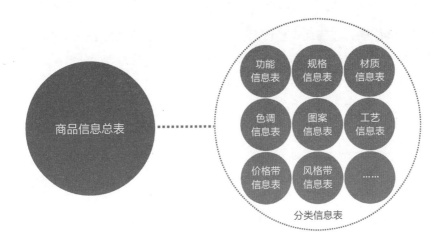

这样的商品信息整理工作不光是对设计师有用，对企业的经营管理者来说也非常有用。如果有人想要做专业的商品检索网站或线上商城，这些都是数据库的分类基础；如果将这些商品基础信息结合销售数据制作成各种财务报表，更能为企业在决策方面提供客观的数据。

	材质	工艺	起订量	货期	备注	其他

规格 商品具体物理尺度，如面料的门幅、罗马杆的直径、帘穗的长度……

材质 商品的具体材质成分构成，如100%聚酯纤维、铝合金……

工艺 商品的制造工艺类别，如印花、绣花、提花……

起订量 有起订量的商品需要特别注明起订数量。

货期 有货期的商品需要特别注明货期时长。

备注 某些商品需要特别注意的事项，如特殊的安装或使用要求等。

其他 还可增加很多其他属性标签，如色调、风格、花型、花距、克重、功能……

商品资料文件夹系统的建设

　　所有的商品图片和商品信息资料，都需要整理到文件夹系统以便更好地管理。近年来，虽然不断出现了各种管理文件的软件应用，但最传统的计算机原生文件夹系统目前仍然是最好的资料管理方式，这也是"弹药库"最主要的形式。

　　如何建立文件夹系统的纲目框架？这项工作是有难度的，有很多种方式，下面列举一个常用的方法。

　　首先，整个商品库最核心的内容是一个个具体的商品文件夹。每个商品文件夹里包含三个子文件夹：商品图片文件夹、商品信息表格文件夹、商品其他资料文件夹。

商品图片文件夹：
商品标准产品照（以型号命名）

商品信息表格文件夹：
商品信息总表及分类信息表

商品其他资料文件夹：
原始报价单、产品宣传/培训资料等

　　其次，为了便于系统管理，在每个商品文件夹还可以设立很多纲目层级。如果要做到纲目条理清晰完整的话，可以按以下方法整理。

　　一级文件夹——品类信息。面料、辅料、轨道配件、成品窗饰……

　　二级文件夹——产地信息。国产还是进口，并注明进口国家的名称。

　　三级文件夹——品级（档次）信息。根据品牌定位及商品价格带分出供应商。

　　四级文件夹——供应商信息。每种品级都应该有相应的供应商。

　　五级文件夹——品牌信息。有些供应商旗下也有不同的品牌，在此注明。

　　六级文件夹——系列信息。品牌之下还会有不同的商品系列。

　　七级文件夹——商品信息。每个系列之下才是最终的商品文件夹。

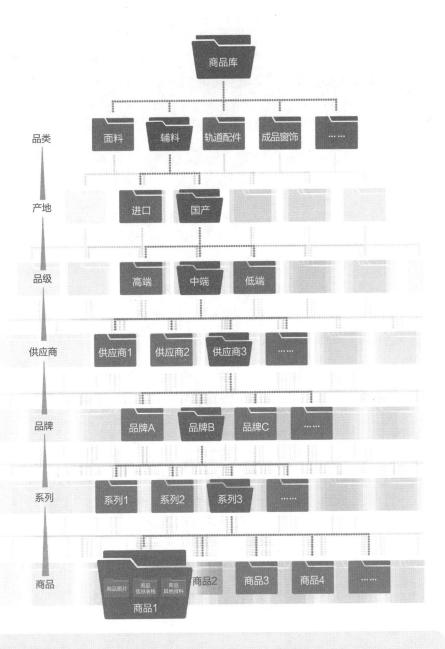

- 这是相对理想状态的文件夹纲目框架，而每位设计师所在企业的商品供应情况存在差异，可以根据实际情况做精简调整。

- 这样的文件夹系统的纲目框架，同样适用于文件管理类软件或者相册，也可应用于企业官网或网店的商品数据库。

当你建立了条理清晰的文件夹系统，整理完了所有的商品图片、商品信息表以及其他各种商品原始资料，然后再加上实体的商品样品，你的商品库就初步建设完成了。接下来就是长期的日常内容维护和更新工作了。

案例库

案例库是存放、管理自己的案例资料的地方。每一个项目案例都是对设计师工作成绩最真实的记录，它是设计师的成长经历总结，是不断反思与进步的节点。很多设计师在工作多年后，项目案例的资料都是凌乱而缺失的，这种情况与其说是一种遗憾不如说是一种失职。作为设计师专业素养的一部分，一定要养成良好的工作习惯，对每一个设计项目进行完整而系统的记录，不断为自己的案例库添砖加瓦。

案例库的建设工作主要是对文件夹系统的管理。

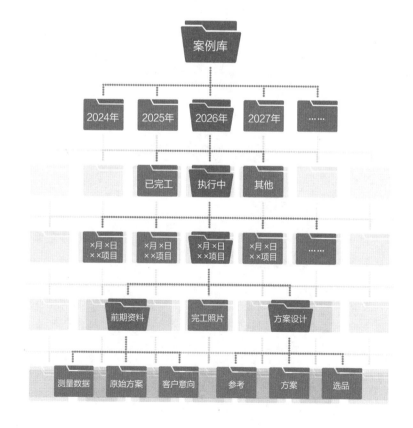

- 在每一个项目立项初期，第一时间建立项目文件夹。最为合理的项目文件夹命名格式为"日期＋项目名称"。其中日期是一个变量，设计师需要养成良好的工作习惯，每次内容更新后立即重命名文件夹，更新为当时的日期。直到项目完全交付完工，这时的文件夹名应该是"完工日期＋项目名称"。

- 根据执行状态每个项目文件夹被分别汇总到执行中、已完工和其他（暂停或中止）文件夹中。所有这些项目状态文件夹，最终根据执行的时间归入年度文件夹。

- 每个项目文件夹里设立前期资料、方案设计、完工照片三个子文件夹，用于分档管理该项目的所有资料内容。

前期资料

主要包括项目初期现场勘测时的测量数据、记录照片/视频等；项目原始室内设计资料（设计图纸、效果图、材料表、软装方案、选品）；客户窗帘布艺初步选款、选品或意向参考等。

因项目进程中原始方案经常会更新，所以须跟客户仔细确认资料是否为最终确认稿。最理想状态是前期硬装施工完成，软装家具等均已进场，窗帘设计顺势而为即可。总之，前期资料的信息越是丰富完整，窗帘设计的方向越是简单明确。

方案设计

这个文件夹里主要包含参考、方案、选品三个子文件夹。

参考 窗帘设计过程中，可以提供风格、色调、造型等灵感的意向图片。

方案 最核心的设计工作文件（手绘草图、CAD图纸、效果图、提案文件）。

选品 该项目所有的面辅料配件等商品的选品资料。

有些文件夹或文件（尤其是方案和选品文件夹）的命名模式也可采用"日期＋项目名称"的格式，因为方案的修改更新也是常有的事。

完工照片

完工照片文件夹是每个项目前期所有辛苦工作的总结，是每个设计师最重要的工作文件夹。尽己所能去拍摄记录最好的效果，投入精力及成本，有些重点项目需请专业机构来拍摄。可以常备一些饰品、道具、花艺等以便拍摄时搭配布置为效果加分。最终的案例照片都可以另存入手机或平板电脑中专门的相册进行汇总。

素材库

素材库的内容可概括为两类：别人的商品（有确切供应信息，但尚不属于自己企业的商品资料）、别人的案例（无直接供应信息的商品及案例资料）。这些资料的获取渠道分为线上和线下两类。

线上　行业网站、品牌官网、电商店铺、社交媒体/自媒体、设计/素材类网站/APP⋯⋯

线下　展会、门店、工厂、书籍、杂志⋯⋯

每年都有众多大小规模不一的行业展会，定期在展会上有序地收集最新商品资讯和样品，这是设计师工作中很重要的一部分。

日常逛店是设计师进行市场调查、获取行业商品动态的最直接手段。如能有机会去工厂，这对于设计师更全面地了解商品来说是最宝贵的经验。

传统图书刊物中仍然有很多值得我们学习收藏的素材。

传统的线上获得优质商品及案例资料的方式是去行业品牌的官网搜集。有些专业度高的品牌会在官网上展现翔实的商品和案例信息。每个设计师都应该建立一个行业品牌网址收藏夹。

很多品牌有自己的线上商城，有些是在官网页面，有些有单独的应用程序，又或者是在其他线上交易平台开设自己的官方店铺，应根据需求，对其中的一些店铺进行收藏，并分类管理。

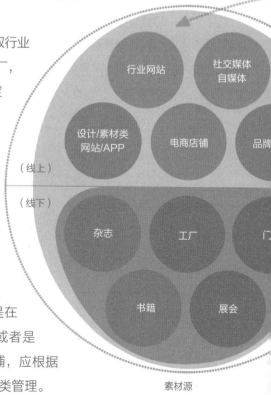

素材源

越来越多的品牌都在各种社交平台上开设账号，发布信息、传播内容、与受众互动，各种个人或小团体的自媒体、新媒体模式纷纷取代传统的如印刷刊物、电视栏目等旧媒体形式。关注一些优秀的行业账号，已成为设计师获取"弹药"的重要途径。行业内有很多优秀的设计素材分享网站，如 Pinterest、Houzz……设计师可注册并建立自己的账号，开启收藏之旅。所有这些渠道都可以先通过搜索引擎寻找、筛选。

设计素材的收录管理

- 所有实体资料（书籍、杂志、宣传册页、产品图册等）收至材料间归类管理。
- 实体资料中有价值的内容按需通过拍照/扫描转化为数码资料。
- 所有数码资料存入专门的文件夹系统或相册。
- 在设计/素材类网站/APP建立自己的收藏夹系统，定期收录优质素材。
- 可以线上线下及多设备同步，素材资料调用及整理工作可随时随地展开。

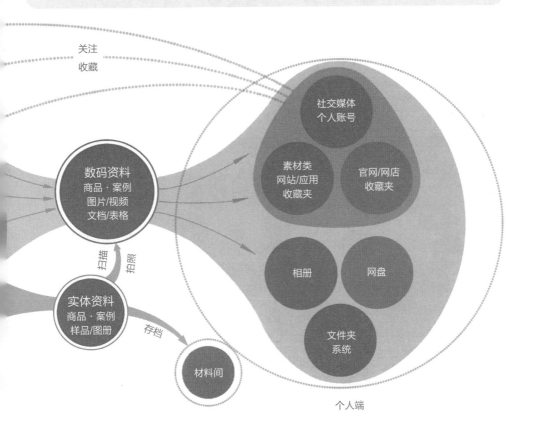

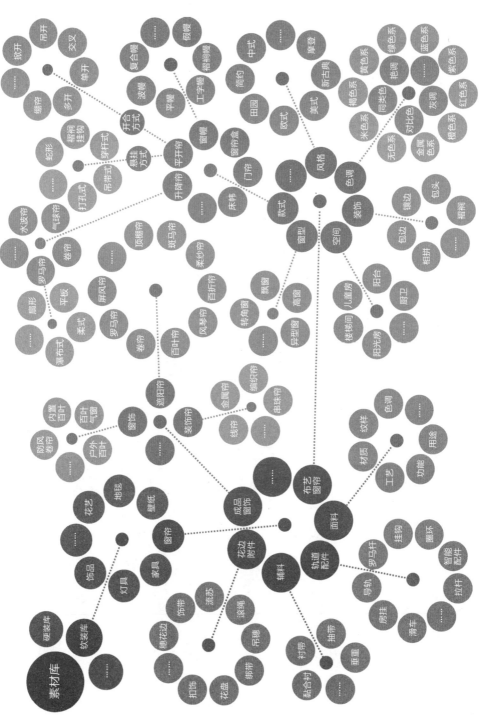

窗帘设计相关素材库资料分类纲目图

关于"弹药库"的几点总结

1 **窗帘设计所涉及的素材内容是所有软装品类中最复杂的**

窗帘素材库的分类是个庞大的系统工程,窗帘设计相关素材库资料分类纲目图只是展现了其大致的框架结构。图中具体细项的分类方法,也未必适合每一个设计师,仅供参考。

2 **素材的分类有多种维度**

复杂的窗帘设计相关素材库资料分类纲目图远远没有达到完美,甚至都不能算完整,还有很多维度的分类细项可以再深入下去,比如:布艺窗帘裁剪加工工艺、窗帘安装技术之类等更为专业的素材。

3 **同一素材会同时存在于不同的素材库**

有很多的"弹药"并不只单独属于某一个"弹药库",而是会因为其本身具有多种元素而同时存在于不同分类维度的"弹药库"中。

4 **"弹药库"是会不断成长的**

每个设计师在不同的阶段对窗帘的理解会有不同的层级。因此在建设"弹药库"的初期,分类条目达不到面面俱到,这很正常。只需要挑选你当时觉得最有用的纲目内容把它分出来即可。而最有用是有时间阶段性的,在某一阶段你可能会发现自己特别需要一些特定的窗帘资料,而这时再新建一类文件夹,将它们单独收集归纳成集。这就是"弹药库"更新迭代的常态。

当有一天,你的"弹药库"中的这些所有分类文件夹都条理清晰、内容满满的时候,你就已成为专家了。这套"弹药库"的建设方法,同样也适用于软装设计师、室内设计师。

第 2 章
一间漂亮的窗帘店

窗帘店的平面布局

　　窗帘店的形式多种多样：可以是繁华街市的独立门店，也可以是大型家居建材商场里的店中店，或者是轻纺市场里的一间铺位，又或者是家具/家居店里的一块专属区域……它们的面积规模大小不一，但都能提供窗帘商品的销售及设计服务。

　　无论规模大小，窗帘店的核心功能区域通常有以下几个。

- 门头
- 商品样品集中陈列区
- 设计工作区
- 库房
- 橱窗
- 商品大样展示区
- 客户洽谈区

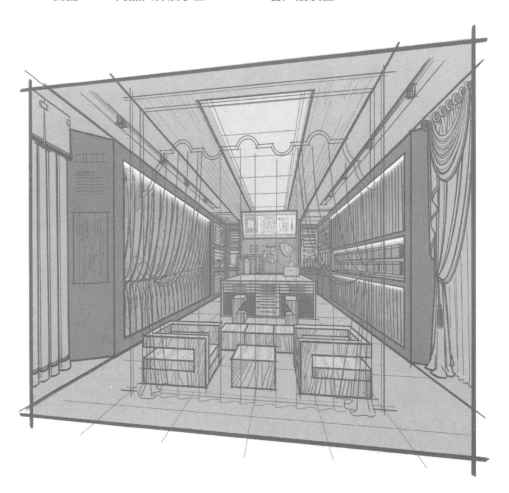

　　我们以一间非常紧凑的标准窗帘店为例，看看这些功能区域是如何分配的。

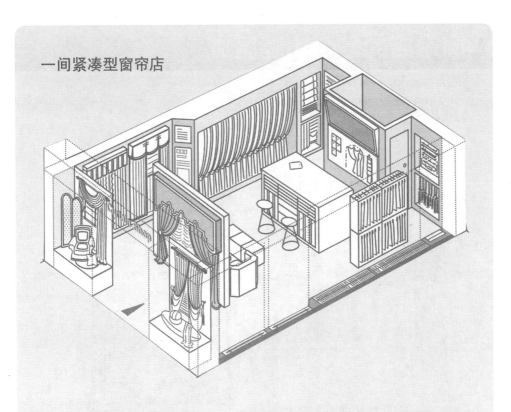

一间紧凑型窗帘店

35m² 的建筑面积

5m 宽的门头

2 个橱窗

10 幅窗帘大样（含橱窗）

1 个客户洽谈区

1 个设计工作区

1 间小库房

1 个样本柜（样本 40~60 本）

1 面窗帘单片陈列柜（单片 25~30 片）

1 面面料吊卡陈列柜（吊卡 150~200 片）

6 面成品帘陈列面（成品帘 8~12 款）

2 面轨道配件陈列面

2 面花边辅料陈列面

若干活动吊卡架

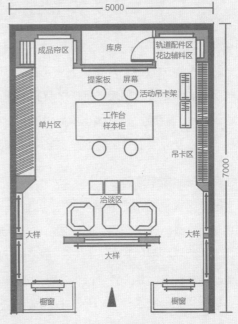

窗帘店的各个功能区域

门头及橱窗

门头及橱窗是最直观传达品牌形象和产品格调的地方。整个家居行业内没有什么产品比窗帘更适合用来"打扮"漂亮的橱窗了。

橱窗里的窗帘，充分展示着品牌的时尚品位，有引领潮流的作用，应按季换新。同时，做工及品质细节彰显的是工艺水平与品牌实力。

商品样品集中陈列区

这个区域是窗帘店最重要的核心区域。它集中陈列了各种基础商品：布艺窗帘款式样品、成品窗帘样品、面料辅料样品、轨道配件样品……

这些商品样品的形态各异，组成及陈列方式多种多样，如何把它们呈现得整洁美观、井然有序，并方便设计师及客户选样，是窗帘店面设计最关键的内容。

窗帘店无论面积大小，哪怕是精简到只有一个柜子的超迷你窗帘店，最终必须浓缩保留的就是这些商品样品的集中陈列区。

迷你窗帘设计中心

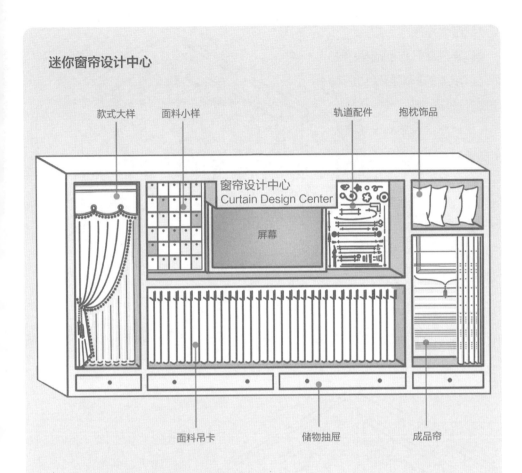

款式大样　　面料小样　　　　　　　　轨道配件　　抱枕饰品

窗帘设计中心
Curtain Design Center

屏幕

面料吊卡　　　　　　储物抽屉　　　　　成品帘

空间大小约为5m宽，3m高，0.5m深

1个窗帘款式大样展示区大约有1幅款式大样/2~3幅款式小样

1个面料小样卡展示区大约有30~150片面料小样卡

1个抱枕/饰品展示格大约有5个抱枕/若干饰品

1个轨道配件样品展示区大约有10~20个轨道及配件样品

1个面料吊卡展示区大约有150片面料吊卡

1个成品帘展示区大约有4~6款成品帘实样

1面显示屏

1排储物抽屉

　　这样的迷你窗帘店也可以叫作窗帘设计中心或窗帘产品中心。非常适合在一些小型的室内设计工作室、家具店、建材店里植入。

窗帘大样区

如果说商品样品的集中陈列是以浓缩的形式展现构成窗帘的各种原材料，窗帘大样就是在呈现一份完整的"成品大菜"了。

对客户来说，大样的形式无疑能带来最直观的产品体验。如果面积允许，窗帘店应该尽可能多地展示不同窗型、风格的大样。

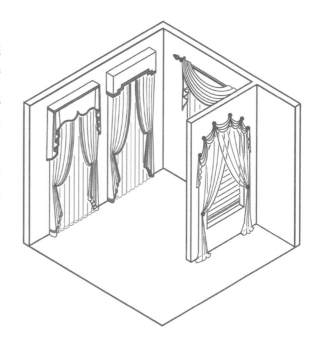

样板间区

将窗帘大样放进一个个完整的家居空间，配以各种相应的墙地面装饰及软装陈设，就是更具整体氛围的实景样板间了。

如果还能结合智能家居系统，演示各种光、温、声、电等设备的遥控、感应、人机交互、多媒体联动效果，让客户沉浸体验于其中，那就更有吸引力了。

客户洽谈区

窗帘的业务流程复杂，从意向沟通、选款选品，到方案提报、订单确认……这些工作都需要一个相对安静和舒适的洽谈空间。

其中最主要的方案提报工作往往是"设计方案＋商品实样展示"的形式。设计方案演示需要在洽谈区设置一面大屏幕，这些屏幕在日常也是展示品牌形象内容的重要工具。而商品展示需要在一张大台面加上移动式挂样架，并配以可调节的灯光。

除了设置用于方案提报的主洽谈区，也可以在其他一些区域布置一些简单的桌椅作为小洽谈区，以方便同一时间内接待多位客户。

设计工作区

窗帘设计工作需要用到电脑设备，还需要有尽量大的用于摆弄面料、辅料的工作台面，这个当然也可以用客户洽谈区的大台面，但当设计师需要静下心来思考设计方案时，还是需要有一个相对独立和安静的工位或空间。

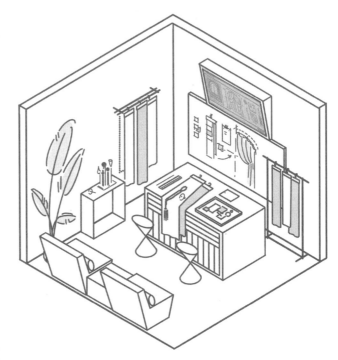

库房及其他

窗帘店的日常经营中经常会有很多零碎的商品样品，还有宣传物料的更替，货品进出的周转，保洁打理工具的摆放……有一间库房是相当重要的。

而有些有条件的店面会在店内放置缝纫及裁剪设备，以方便做一些小的产品加工或修整工作。甚至有很多作坊式窗帘店是前店后厂的形式……

窗帘店的模块化

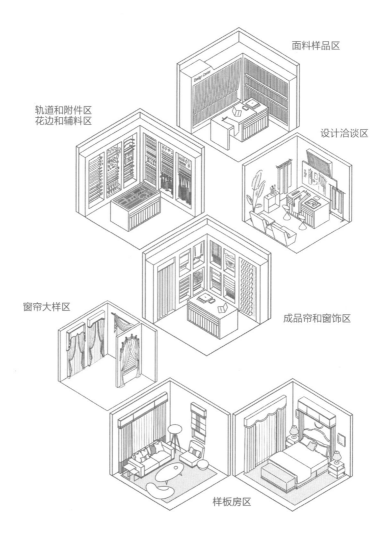

窗帘店的店面形态多种多样，面积大小不一，可以利用模块化的概念设计规划一间窗帘店。根据实际的面积来填充各个空间模块，并计算出可容纳的产品数量。

最核心的模块是窗帘样品区，再小的窗帘店也必须有；空间稍微宽裕一些的就要加入轨道和附件区、花边和辅料区，以及成品帘和窗饰区；如果想要更多地跟客户沟通设计，那就需要设计洽谈区模块。以上这些都是面积相对有限的窗帘店的首选模块。随着面积的增大，可以不断增加的模块是窗帘大样区以及各种实景样板房区。

第 3 章
窗帘店的商品

一件定制布艺窗帘有多复杂？

大部分窗帘店主营的商品是定制布艺窗帘。同那些所见即所得的家具店或家纺店不同，窗帘店里陈列的，主要是制作窗帘的各种原材料。

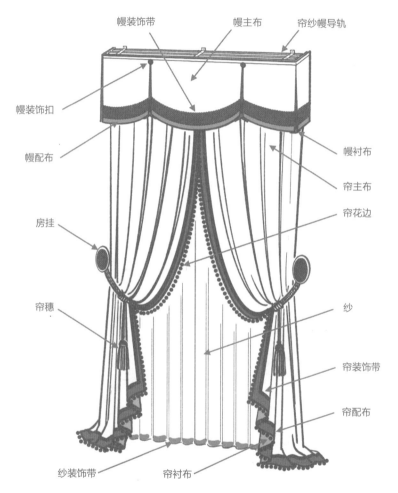

工字幔布艺平开窗帘所需的各种原材料

窗帘的原材料品类繁多、内容丰富。以款式不算太复杂的工字幔平开窗帘为例，它包含的原材料大大小小有十几项，每一项都需要经过设计师的精心挑选搭配。

设计师根据客户的窗户尺寸、现场的安装条件进行设计，再利用各种原材料制作出特定款式的定制布艺窗帘。

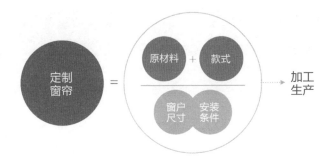

除了林林总总的原材料，布艺窗帘的款式造型更加丰富多彩，它往往不是标准化的，最终效果完全取决于设计师的经验和智慧，以及客户的预算。定制窗帘能够让客户满意，除了外观效果，最终的价格符合客户的预算非常关键，而定制布艺窗帘的价格构成也是相当复杂的。

定制布艺窗帘的价格构成

定制窗帘的价格 = 原材料价格 + 款式价格 + 服务费

原材料价格

通常面料、辅料、轨道、罗马杆的单价都按"xxx元/米"来计算，但一些可选的配件，比如磁碰滑车、罗马杆装饰杆头、房挂墙钩、帘穗绑带以及智能电机等，都是以"xxx元/件"或"xxx元/对"来计价的。

款式价格

通常是以加工费的形式收取。不同的款式造型会有不同的加工费定价。单价可以用"xxx元/米"来计算，也会有"xxx元/套"或者"xxx元/幅"的形式。

*加工费除了人工费用一般也包含相关生产辅料耗材的费用。

服务费

主要是测量、安装费，通常一个项目统收一笔，但有些项目需要多次上门服务，所以在一些人力成本高的地区也会按次收费。此外，有些复杂项目会收取设计费。

*窗帘项目的设计费行业内始终没有统一的收费标准，可以按需要悬挂窗帘的窗户数量收费，也可以按整个项目统收一笔费用。

窗帘店商品的分类

窗帘店的商品分为两大类：布艺窗帘和成品窗饰（俗称"成品帘"）。

布艺窗帘

商品的展示，除了数量有限的窗帘成品"大样"以外，更多的是以原材料的形式展示，这些原材料可分为四大类：面料、生产辅料、轨道和配件、花边和附件。

花边附件：帘穗、绑带、挂饰、扣饰、穗边、流苏、串珠、蕾丝、毛边、饰带、滚绳

轨道配件：窗帘导轨、罗马杆、智能系统、圈环、房挂、滑车、拉杆、窗帘盒

生产辅料：衬带、抽带、黏合衬、魔术贴、垂重、挂钩

面料：窗帘主布、窗纱、窗帘衬布

布艺窗帘

成品窗饰

按款式类型可分为三大类：遮阳帘、遮阳窗饰和装饰帘。

"布艺窗帘＋成品帘"的模式，能更好地满足客户对窗帘功能与审美的需求。在实际案例中，有些窗户适合装饰性强的布艺窗帘，有些适合功能性更佳的成品帘，某些窗户适合"布艺窗帘＋成品帘"的组合。

面料类商品

面料无疑是窗帘店占比最大、数量最多、最为重要的一类原材料。关于面料的专业内容详见第四章面料之美。这里我们只来简单说说窗帘店内面料的形式。

通常一家窗帘店的面料有几百款到上千款，甚至更多。这么多的面料如何最为合理地在店面里陈设呢？

面料的陈列形式主要有三种：样本、吊卡和单片。

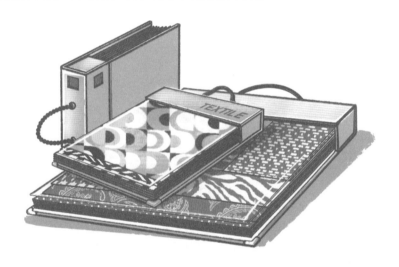

样本

样本是最为普遍的一种面料陈列形式。它的优点是浓缩，在相对最小的体积内能包含最多的产品，是性价比相对较高的陈列形式。

它的缺点也同样明显：面料的展示面积小，很多花布的效果无法完整展示；使用起来相对比较笨重，缺乏灵活性，在给客户看样时不方便；一本样本中卖得好的窗帘面料往往占比很少，甚至其中很多面料并非适用于窗帘，配色很多但真正能被选出的只占少数。窗帘店经营者经常会为了两三块面料而不得不向厂家采购整本样本。

根据产品性质，装饰面料样本可分为最主要的三种形式：主题系列、设计师系列、工厂系列。

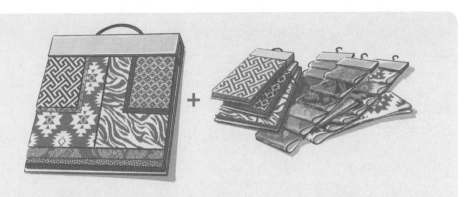

主题系列　通常一个专业的装饰面料品牌的主打产品都是主题系列。其核心是一本主题综合样本，以空间整体布艺应用方案的形式展示产品，根据统一的主题风格和谐搭配各种材质、工艺、图案的面料，并分成几个色系。有厚有薄、有布有纱、有素有花。此外，配套的是单工艺样本/吊卡，即将主题综合样本中主要的面料工艺款式每个都单独做一本小样本或吊卡，其中的配色往往比主题综合样本更齐全。

设计师系列　有些装饰面料品牌会专门针对设计师按色选样的工作习惯，将各种不同材质、工艺、图案的面料，按照色彩分类制作一整套全色系的样本系列。

工厂系列　一些没有能力整合主题系列或设计师系列的品牌（主要是工厂），其面料产品的形式主要就是单工艺样本/吊卡了，每本样本/吊卡里的面料产品都是单一的工艺，可以在一台设备、一套原材料的基础上生产出来。

吊卡

从展现面料的柔美及垂感方面来说，吊卡的形式明显要优于样本。它的优点是小而美且精致，能充分展示布和纱的柔美质感。展示陈列效果直观，使用起来也最为便捷，无论是向来店客户展示还是外出服务携带都非常好用。

吊卡的形式多种多样，既可以是单片面料吊卡，也可以是将所有色号的同款面料放在一起做成瀑布式吊卡；既可以用固定式卡头，也可以用活动式夹子；既可以只纯粹展示面料，也可以做成款式工艺小样。

去样本化

　鉴于传统面料样本的诸多缺点，越来越多的窗帘品牌将各种精美的定制吊卡作为最主要的样品形式。除了直观好用的优点以外，定制吊卡有利于优选产品，增加"坪效"也是最重要的原因。

单片

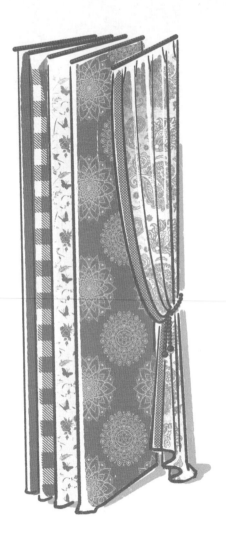

　　窗帘店里最大的面料展示形式是单片。它的展示效果最完整大气，基本上会做到接近一幅窗帘的高度，可以做成平板式的，也可以做成一片片真实的单片窗帘，还可以用帘穗绑带扎起来，这样的形式对于客户来说是最为直观的。

　　单片形式所需占用的陈列面积最大，这也意味着在有限的面积内展示的商品数量最少。所以很多窗帘店只会精选最畅销的面料将其做成单片。

生产辅料

在布艺窗帘的生产加工过程中，会有很多配套的生产辅料和配件。比如各种用于加固塑形的帘头衬带、黏合衬、垂重；用于悬挂固定平开窗帘的挂钩、窗帘孔圈（静音圈）；各种罗马帘专用的龙骨横杆、绳、圈、衬带；还有用于固定窗幔的魔术贴（子母贴）；此外还有增强帘身遮光、保暖、隔音等功能的专业遮光布、薄棉芯等。

这些生产辅料及配件都需要窗帘厂家长期备货。通常它们不会作为商品单独向客户销售，它们的成本都包含在窗帘产品的单价或加工费里。

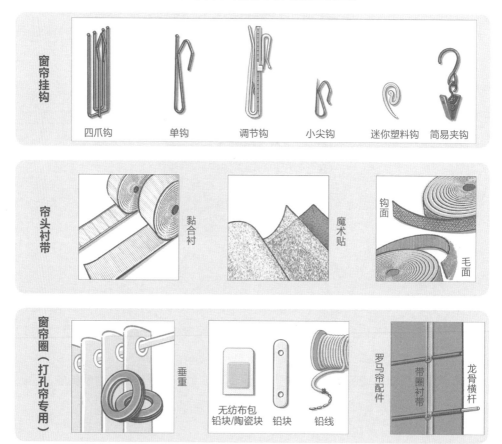

褶裥式布艺平开窗帘的生产辅料

这些表面看不到的生产辅料，恰恰是决定窗帘外观造型及品质的关键。以最常见的布艺窗帘款式——褶裥式布艺平开窗帘为例，作如下介绍。

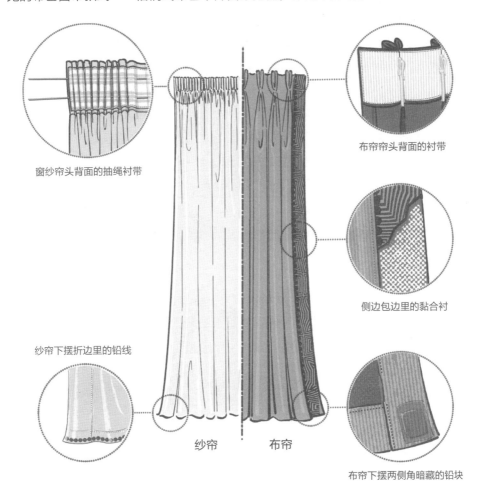

窗纱帘头背面的抽绳衬带

布帘帘头背面的衬带

侧边包边里的黏合衬

纱帘下摆折边里的铅线

纱帘　　　布帘

布帘下摆两侧角暗藏的铅块

生产辅料的功能主要是给窗帘塑形，或是增加平整度，或是塑造挺括感，又或是提升垂顺度。

- 衬带用于帘头部位的塑形，增加硬挺度及牢固度。
- 黏合衬是一种涂有热熔胶的衬里，用于帘身或窗幔需要增加厚度及塑形的局部。
- 垂重包括各种增加帘体下摆重量以提升垂感的铅块、铅线、陶瓷块等。

帘头衬带

布艺平开窗帘最具有技术性的部位就是帘头（帘片顶部造型）。帘头的造型千变万化，而最常见的帘头形式是褶裥式帘头，决定褶裥造型的关键是背后的衬带。它也是最值得窗帘设计师深入研究的生产辅料。

帘头衬带的款式大致可分为四类：平板式衬带、穿孔式衬带、抽绳式衬带和蛇形帘衬带。

平板式衬带

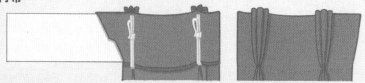

平板式衬带是最基本的衬带形式，有无纺和有纺两种材质，可手工或用专门的机器加工出各种固定式褶裥造型，适用于高级定制类窗帘。

穿孔式衬带

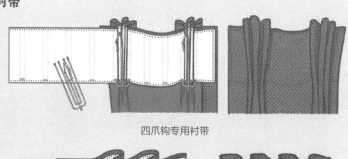

四爪钩专用衬带

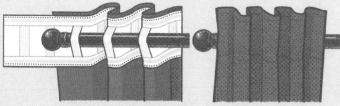

穿杆专用衬带

穿孔式衬带通常为有纺材质，衬带上有预留的孔位，用配套的挂钩按一定规律穿过这些孔位，可塑造出专门的褶裥造型，其中被俗称为四爪钩款的衬带在国内最为常见，还有的是直接用孔位去穿套窗帘杆，这样的形式，加工成本低廉，多用于需要客户DIY的大众化窗帘商品。

抽绳式衬带

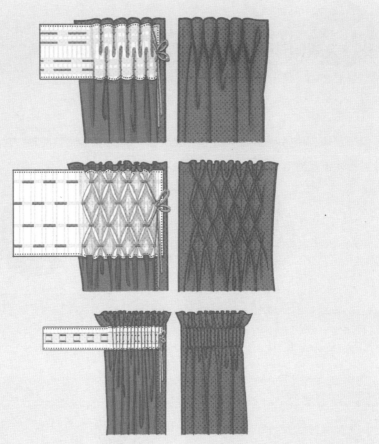

　　抽绳式衬带俗称"抽带"，是衬带中最特殊的一种，可以通过其中的抽绳抽出各种预制的褶裥造型。抽带的款式其实非常丰富，可以满足各种褶裥造型需求。用它来做布艺窗帘，因加工便捷可以大幅降低制造成本。

蛇形帘衬带

　　蛇形帘衬带又叫"蛇形帘扣带"。这种衬带上有个关键配件——金属按扣。蛇形帘的帘头不缝制褶裥，是通过这些按扣将帘片扣在轨道上专门的定位滑轮上，使得帘身呈优美的S形造型，而按扣之间的间距决定了S形造型的大小。

附件类和花边类商品

在布艺窗帘上，常常会搭配使用一些漂亮的附件类和花边类商品，它们既增加了窗帘整体视觉效果上的丰富度、层次性、对比性等细节美感；又凭自身的质地及分量感让布艺窗帘更具或挺括或垂美的造型气质。

附件类

花边类

附件类商品主要有四类：包括无须缝制加工可直接使用的窗帘装饰件——帘穗和绑带，以及需要简单缝制的各种挂饰和扣饰。

花边类商品通常是指缝制在布艺窗帘或窗幔边缘的"边、带"类装饰品。花边类商品可分为三大类：花边、饰带和滚绳。

附件类

帘穗和绑带都用于绑扎布艺窗帘帘片，可配合房挂的使用塑造帘身造型。帘穗有双头和单头两种，小微型帘穗在功能分类上属于挂饰。

帘穗

绑带

挂饰

扣饰

挂饰和扣饰的品种很多，属于布艺品配饰，在窗帘领域多用于窗幔的造型细节点缀。

花边类

花边

花边的品种繁多，根据其造型特征可细分为：穗边、流苏、串珠、毛边、蕾丝等。

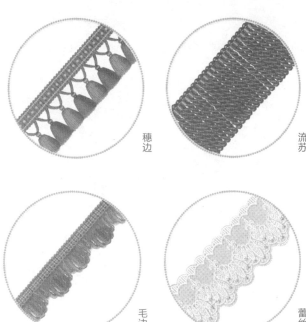

穗边

流苏

串珠

毛边

蕾丝

饰带

饰带根据其基础织造工艺可分为编带（编织）和织带（机织）两大类。

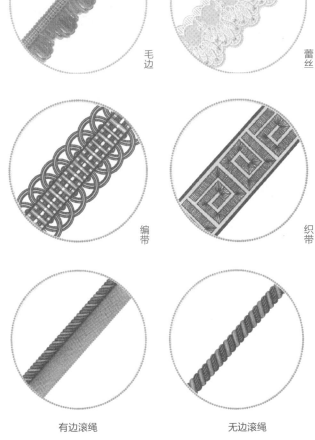

编带

织带

滚绳

滚绳有两类：有边滚绳便于机械缝纫加工；无边滚绳需用手缝或胶粘等方式固定。

有边滚绳

无边滚绳

花边类商品的应用

　　饰带、花边、滚绳在窗帘上多用于帘片侧边或窗幔下摆处的装饰，既可以单独使用，也可以组合搭配使用，方法很多，这里列举一些最常见的应用手法。

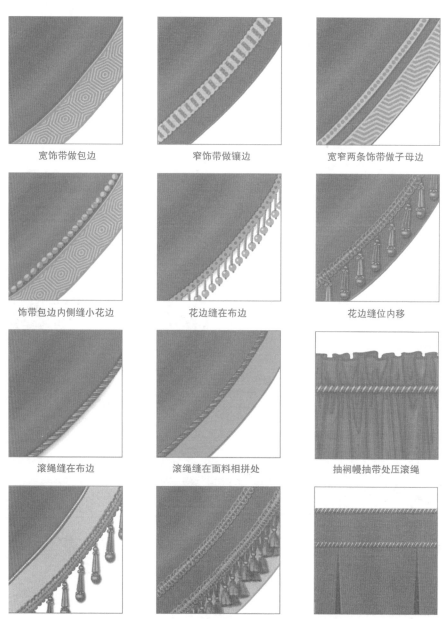

宽饰带做包边	窄饰带做镶边	宽窄两条饰带做子母边
饰带包边内侧缝小花边	花边缝在布边	花边缝位内移
滚绳缝在布边	滚绳缝在面料相拼处	抽裥幔抽带处压滚绳
滚绳与花边缝在包边两侧	花边与配套饰带缝位内移	窗幔顶边及腰头压滚绳

关于附件类和花边类商品的几点总结

1 丰富的生产工艺

除了基础的机织、编织的织造工艺以外，提花、色织、刺绣、剪花、起绒等越来越多的装饰工艺也都被应用其中。

2 琳琅满目的材质

材质非常多样化，涵盖了天然纤维、化纤、混纺、皮革、金属、塑料、木质、珠贝等各类材质成分。

3 塑造风格的利器

丰富的工艺及材质造就了多样化的风格表现。花边类和附件类商品在实际应用场景中起到的往往是画龙点睛的作用。如何利用好它们去表现每个风格故事的主题，值得每个设计师不断研究探索。

4 加工注意点

因为工艺材质的复杂性，在加工窗帘时很多花边类和附件类商品需特殊对待。比如有些较厚、较硬或较松散的花边类商品无法直接用缝纫机加工，需要用手工针线缝制；还有一些饰带、滚绳、挂饰、扣饰类商品用作造型装饰时会用热熔胶固定；花边类商品的毛边封口处理会用到502胶水。

5 热缩率问题

缝制了花边的窗帘成品在最后熨烫时，因为花边的热缩率同窗帘面料不同，所以在花边缝制处会出现抽皱的现象，这是花边类商品应用中最为常见的问题。因此，花边类商品在缝制加工前通常都需要做预缩（高温蒸汽）处理。

轨道和配件类商品

　　窗帘轨道和相关配件是构成完整布艺窗帘成品的另一类核心配件。它们构成了窗帘的悬挂及开合系统，针对不同的窗帘款式以及窗户现场的安装条件会有不同类型的轨道和配件产品。

　　窗帘轨道和配件大致分两种：明杆和暗轨。

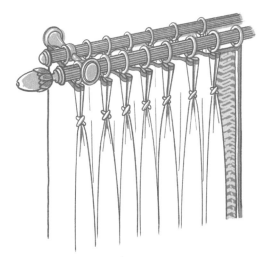

明杆——罗马杆

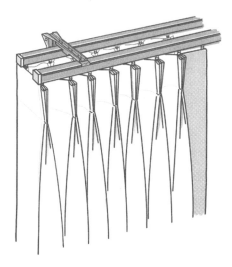

暗轨——窗帘导轨

顾名思义，所谓明杆就是装在明处看得见的窗帘杆；所谓暗轨就是通常安装在暗处（窗帘箱或窗帘槽里）不能直接被看见的窗帘轨道。

罗马杆

明杆还有个更好听的名字——艺术轨或艺术杆，但通常人们用它另一个更知名的俗称——罗马杆。相传古罗马时期人们已经开始使用这种结构和造型的杆子悬挂窗帘，由此得名罗马杆。

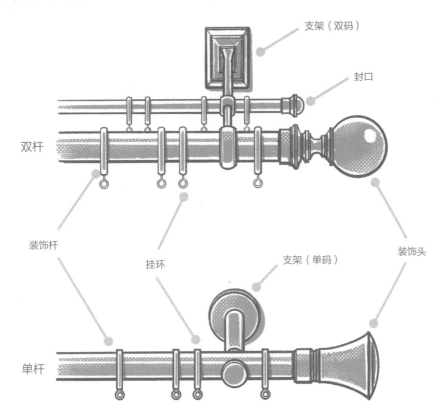

罗马杆是由装饰杆、装饰头、安装支架以及配套的挂环构成，既有只挂一层布帘的单杆，也有可同时悬挂布帘和纱帘的双杆。与窗帘导轨不同，罗马杆没有专门用于悬挂固定窗幔的杆子。

造型丰富的罗马杆及其配件

　　因为是能被看见的明杆，罗马杆能够在整个窗饰造型中成为审美上的亮点。所以除了能悬挂窗帘，它们的装饰性更加重要。

　　罗马杆的款式和材质都非常丰富。无论杆身、杆头、支架以及挂环都有着丰富的造型变化，结合各种金属（铸铁、铜、不锈钢、铝合金等）、实木、树脂或各类合成材料的质地，可以形成各种风格样式以适用于各种室内环境。

罗马杆的安装方式

罗马杆的安装方式主要有两种：墙（侧）装和顶（吊）装。分别有不同的配套安装支架。

最普遍的安装方式是侧（墙）装，由侧装支架安装固定在墙面上。顶（吊）装的情况相对较少，通常只会用于不具备墙面安装条件的一些特殊现场，有时还需要增加一些吊杆支架。

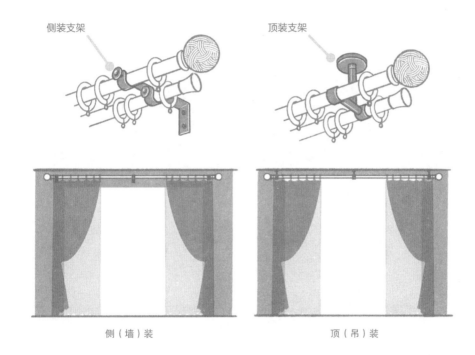

侧（墙）装　　　　　　　　　　　　顶（吊）装

常规悬挂窗帘时会在两个安装支架的外侧各放置一个挂环，用来悬挂窗帘帘片两边最外侧的挂钩，支架会阻断挂环的移动，以此来固定帘片的外侧边，日常开合使用时帘片的外侧边不会跟着移动。

安装支架与承重

与窗帘导轨几乎可以任意安装很多个支架来增加承重不同，罗马杆的支架安装数量通常是有限制的。窗帘宽度较窄的罗马杆（一般2.4m以内）一般配有2个或3个支架。2个支架的话是在靠近罗马杆两端的位置各装一个；3个支架的话是在罗马杆的中间位置再加一个支架来增加承重，如窗帘重量较重时可以防止罗马杆被压弯或脱落。

当罗马杆遇到宽窗

罗马杆源自都是窄窗的西方古代建筑，因此其形式最适合的就是窄窗。从具体使用方面考虑，罗马杆最适宜的窗帘宽度在2.4m以内，因为超过了这个宽度就要考虑杆子拼接、配件数量、安装承重、物流运输等问题了。

不同地区、品牌，以及不同款式、材质的罗马杆的具体规格及配件数据都会不同，专业的罗马杆供应商会提供相应的技术参数或指导建议，而这些也是窗帘设计师在选用产品时必须搞清楚的重要事项。

某品牌罗马杆默认配件规格表

总长度	配置	罗马杆	装饰头	封口	墙装支架	连接器	螺栓螺丝
≤ 2m	单杆	1支整根	2个	无	2个单码	无	4组
	双杆	2支整根	2个	2个	2个双码	无	4组
> 2 m ≤ 2.4 m	单杆	1支整根	2个	无	3个单码	无	6组
	双杆	2支整根	2个	2个	3个双码	无	6组
> 2.4 m ≤ 4.8 m	单杆	2支分节	2个	无	3个单码	1个	6组
	双杆	4支分节	2个	2个	3个双码	2个	6组
> 4.8 m	罗马杆超过2.4m需分节发货，每增加一支分节，需增加相应的配件数量；罗马杆每米标配8个挂环；详情及其他要求需咨询厂家客服。						

罗马杆直杆连接器

单根罗马杆的生产长度其实可以达到6m以上，但为了方便物流运输，都会对其分节（一般每节在2.4m以内）。而当遇到一些宽窗帘时就需要将杆子拼接了，拼接固定所需的配件就是罗马杆直杆连接器。两根杆子的连接处，会加装安装支架，起到加固承重并掩饰拼缝的作用。

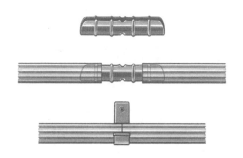

两款特殊的罗马杆

相较于窗帘导轨，超宽窗帘使用罗马杆的不便捷体现在：帘片开合滑动相对不顺畅。常规罗马杆款式配套的安装支架会阻断窗帘挂环的滑动，帘片只能在两个支架之间的这段距离上开合移动。一根杆子上3个支架虽然不会影响两片帘片的正常开合，但如果支架多了，移动空间会被限制，而帘片也将不得不被分成很多段。

当然，也有例外。其实行业内早就出现了很多可以增加承重支架而不限制帘片开合使用的罗马杆款式。

配套"过支架式挂环"的罗马杆

所有的挂环都有个开口，开口的大小足以让它顺利通过安装支架，但又比罗马杆的直径小，使它不会从杆子上脱落。不过，这样的款式，挂环虽然能过支架，但滑动起来不是很顺畅。

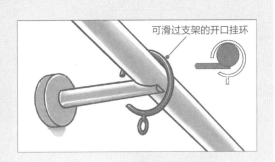

可滑过支架的开口挂环

改良成滑轮系统的罗马杆

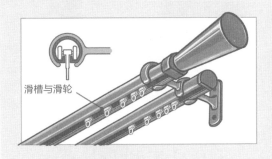

滑槽与滑轮

改良成滑轮系统的罗马杆没有传统的配套挂环，而是使用了类似窗帘导轨的滑槽和滑轮结构。这样，既最大限度地保留了罗马杆造型装饰的美感，又具有窗帘导轨流畅滑动的便捷性。

历史悠久的罗马杆在款式及功能上的发展变化一直都是与时俱进的，它们并不局限于古典风格的室内建筑环境，有很多厂家不断推出各种造型时尚及材质新颖的新式罗马杆产品。设计师要时常关注这类产品的动态，将它用好。毕竟，罗马杆是布艺窗帘的最佳搭配。

当罗马杆遇到异形窗

现今的罗马杆几乎可适用于所有的窗型，对于一些经常令业主和设计师头痛的异形窗，行业内也早就为其定制了特殊的罗马杆。比如这两个大家容易混淆名称，同时都很难设计处理的——拱形窗和弧形窗。

拱形窗
窗户的轮廓上部为向上拱起的造型

弧形窗
窗户的整个墙面向外凸起形成弧度

这样的窗如果选用罗马杆，那就需要对它们进行弯曲定制了。但这对于前期的测量数据的精准性要求很高，而且弯曲工艺对产品的款式和材质要求很高，只有少量的罗马杆产品能做这样的定制。此外，弯曲的角度也是有限的（通常都是大于90度的钝角，转弯半径的大小跟杆子的直径和材质等有关）。

交叉挂环

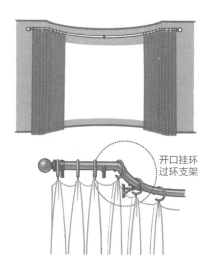

开口挂环
过环支架

拱形窗罗马杆

　　为了防止挂环因重力原因顺着杆子的弧度滑落，在悬挂窗帘时需要设法将最高处的挂环固定。可将左右两片帘子最靠内侧的挂环交叉放置于杆子中间（最高点）的安装支架的两边。

弧形窗罗马杆

　　在杆子每一个弯折处的两边都需要安装支架。常规支架会阻碍挂环移动，因而不得不将窗帘分隔成多片，如果配套使用开口挂环与过环支架，可避免这种情况，窗帘也不用分成多段。

罗马杆转角连接器

除了拱形和弧形窗需要罗马杆有这样顺畅的弯曲以外，还有很多转角窗亦是需要转弯处能有良好的过渡衔接和整体感。

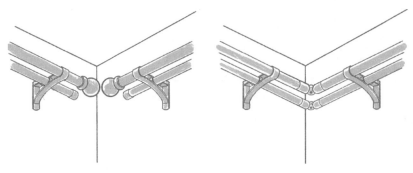

一般的转角窗罗马杆处理方式　　　　　更专业的转角窗的罗马杆处理方式

如前面所说，并不是所有材质及款式的罗马杆都能被弯成有弧度的，所以一直以来，为了更好地解决这个问题，人们发明出了各式各样的转角连接器，以适应各种不同的需求。

这些转角连接器能将两根不同平面的罗马杆完美连接，款型装饰上与罗马杆杆身配套，角度灵活可变。有些还可以配合过环支架，让窗帘挂环顺利通过。

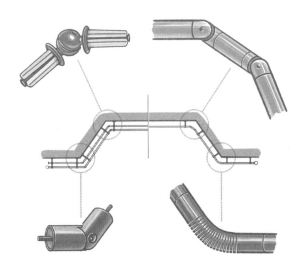

*思考一下：上图中哪些转角连接器是可以过环的？

伸缩杆

同样的，为了解决运输及包装的问题，很早就有人发明了神奇的伸缩杆，即有一粗一细两根杆子，粗杆套细杆，细杆藏在粗杆里。具体使用时，将细杆拉出所需要的长度，然后用安装支架或其他配件固定。

有一类最为特殊的伸缩杆，是可以"免安装"的，因为它不需要安装支架，也不需要在安装面上打孔，所以它也叫作"免打孔罗马杆"。它的安装原理是通过内置弹簧产生的张力将杆子的两端（有橡胶垫）撑在两个相对的立面上。这类杆子多运用在浴室挂浴帘，所以它也被俗称为"浴帘杆"。

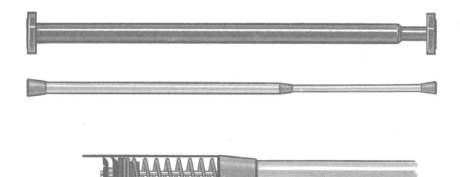

内置弹簧的伸缩杆

伸缩杆在窗帘领域有很多应用，比如在一些因为空间限制无法安装常规罗马杆支架的窗户上。不过因为这样靠两端撑住的安装方式所具备的承重力相对有限，所以它不适合大跨度的窗以及较厚重的帘，更多地用于小窗户上，以窗纱或轻薄面料制作绷帘或半帘。

各种小型罗马杆

除了内置弹簧的伸缩杆，还有很多小型的罗马杆（有伸缩性的和没有伸缩性的都有）款式，它们都非常适合小型窗户上的窗帘。它们的款式非常多样，从安装方式来看，可大致分为两类：两端安装、侧装。

两端安装　适用于我们常说的框内安装方式，因为它是安装在窗框或门框的内侧。前面说的内置弹簧伸缩杆便是典型的一种，不过除了这种免打孔的安装方式以外，也有很多杆子是配套各种端装支架（俗称"法兰圈"）来安装固定的。

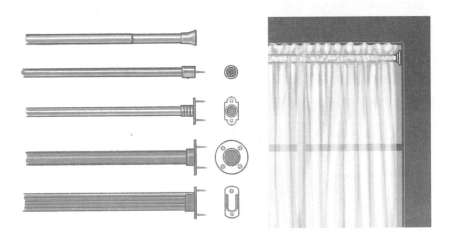

框内安装的小型罗马杆

侧装　可以安装在框外的小型罗马杆，安装支架的造型结构种类繁多，适用于各种不同的窗帘款式及安装需求。

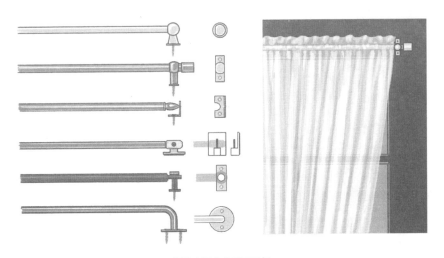

框外安装的小型罗马杆

总之，罗马杆是窗帘轨道类产品中非常重要的一大类，设计师只有充分了解各种罗马杆的款式特点并拥有更丰富的供应资源，才能在设计时有更多的选择。

窗帘导轨

窗帘轨道一般是指窗帘导轨，除了俗称"暗轨"以外，它们还有各种基于不同描述侧重点的多种称呼，如滑轨、直轨、方轨、单轨。

窗帘导轨是现代工业文明的产物，诞生至今不过几十年。材质多为铝合金，也有PVC材质的。它们的优点很多：适用于更多的安装环境，结实耐用，窗帘开合滑动更顺畅、更静音，价格实惠。常规的窗帘导轨有三种：直轨、弯轨和幔轨。

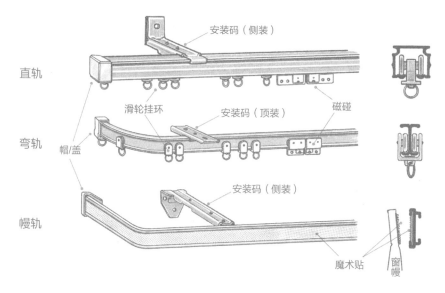

直轨　是最常用的窗帘导轨，其中最常见的是横截面为方形的铝合金中空结构，所以也被称作"方轨"。有不同的粗细规格，有些比较细小的不占用太多安装空间的叫作"小方轨"。除了方形，也有很多其他形状的直轨。通常直轨都不可以弯曲，除非一些适合的形态或特殊的材质，以厂家的产品说明为准。

弯轨　顾名思义就是可以被弯曲的，适用于一些需要弯曲轨道的窗型。它的截面是比较扁的工字形。因为结构的原因，弯轨的承重不及直轨，所以当窗帘比较重的时候，就需要多加些安装码来增加承重力。

幔轨　专门用于安装固定窗幔，它的主要结构是一块扁平铝合金条，正面为固定着俗称魔术贴的钩面，布艺窗幔顶端缝制的是魔术贴的毛面。通过钩面与毛面的贴合，来安装固定窗幔。

窗帘导轨的常规配件

安装码　行业内将窗帘导轨的安装支架称为安装码。每一种导轨都有配套的安装码，有顶装码和侧装码两种。

轨道帽／盖　用于轨道两端封口，底部配有一个挂环，用来悬挂固定帘片最外侧的挂钩（窗帘帘片两边最外侧的挂钩是固定不动的）。

滑轮　通常主体为塑料材质，配套直轨内侧或工字形弯轨外侧的滑槽使用。每个滑轮下端都有一个孔或挂环，用来悬挂窗帘挂钩。拉动窗帘时，滑轮是否顺滑、是否静音是衡量导轨质量的重要指标。

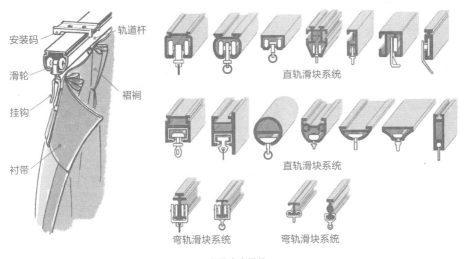

安装码　轨道杆
滑轮
挂钩　褶裥
衬带

直轨滑块系统
直轨滑块系统
弯轨滑块系统　弯轨滑块系统

各种窗帘导轨

纳米静音滑轮

严格来说它们没有滚轮，不该叫"滑轮"，它用的是固定形状的滑块，其材质是拥有更好的润滑工艺的高分子塑料，经久耐磨。跟这些滑块配套的，是用同样材质在常规铝合金导轨的内部嵌套的滑槽，因为塑料与塑料之间滑动摩擦所产生的噪音会比塑料与金属之间的摩擦噪音小很多，从而达到静音的目的。

可以快速装卸的静音滑轮

窗帘导轨的应用

窗帘导轨的组合形式多种多样，可满足每一个具体的空间或窗型的窗帘需求，窗帘导轨的配套应用最常见的有以下三种形式。

一层布帘或纱帘 需要一根单轨。通常首选直轨，当窗型对轨道有弯曲要求时，选择弯轨。有时单层纱帘或轻薄布帘也可选择弯轨。

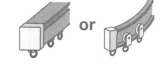

一层布帘 + 一层纱帘 需要双轨。优先选择2根直轨，也可以是1根直轨 +1根弯轨，纱帘可配弯轨。

双轨在侧（墙）装时，两根轨道共用一个配套安装码，安装位置（轨道间距等）受安装码的规格所限；顶装时可以各自用单独的安装码，安装位置相对更灵活。

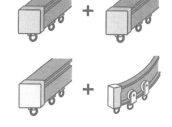

一层布帘 + 一层纱帘 + 窗幔 这是完整的布艺窗帘三件套。根据不同的情况，可选择2根直轨 +1根幔轨，或者1根直轨 +1根弯轨 +1根幔轨，又或者当窗型对轨道有弯曲要求时选用2根弯轨 +1根幔轨。

如果是在窗帘箱内安装的话，可以直接将窗幔贴在窗帘箱的内侧下沿口，节省一根幔轨。

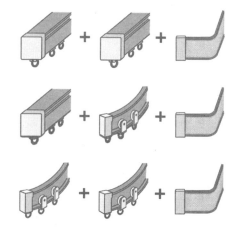

这些各式各样的窗帘导轨组合形式，都有相应的配套安装码。针对不同的现场安装条件选择最适合的轨道产品组合以及安装方式，是窗帘设计师非常重要的基础工作。而每种安装码会因不同品牌而有具体规格上的差异，经验丰富的设计师在选择轨道商品时对这些规格数据会了然于心。

窗帘导轨的常规安装方式

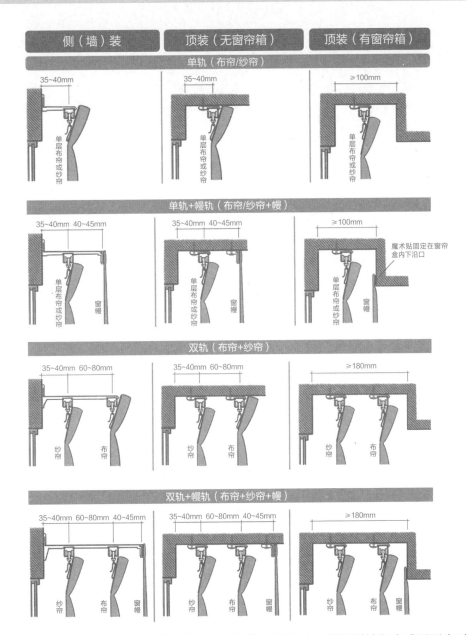

以上为普通直线窗型、非电动窗帘的相关安装尺寸，当遇到转角窗或弧形窗时，需要更大的安装空间；如果做电动窗帘的话，硬装预留窗帘箱的宽度要更大一些，具体的数据要咨询具体的电动轨供应商。

常规窗帘导轨的特殊配件

关于如何解决对开窗帘漏光的问题 1

对开窗帘在使用时，两片帘片中间合不拢、漏光，是经常困扰客户的问题。造成这个问题的原因有很多，除了测量或制作加工时有尺寸误差的低级错误以外，有时一些帘头衬带自带回弹力、面辅料缩水，甚至滑轮过于顺滑而反弹，这些都是造成这个问题的原因。人们为了解决这个问题，研发了各种特殊的轨道配件：磁碰、拉杆、交错式滑车、绳控系统等。

磁碰 也叫"磁吸"，左右两个为一组，通常为PVC材质，内里夹着一块磁铁。磁碰上面有孔，用于悬挂对开窗帘帘片的最内侧的挂钩。在窗帘闭合时，磁铁的自然贴合能够使两片帘片之间不留缝隙。

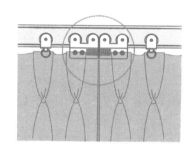

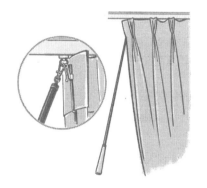

拉杆 顶端可以吊挂在帘片最内侧的滑轮挂环上，如果配有磁碰或滑车的话，也可直接挂在它们上面。用手拉动拉杆来开合窗帘，这比人们通常用手扯动帘片能更好地控制拉动的位置。

交错式滑车 是将两片帘片形成交错重叠，以彻底避免漏光的特殊配件。它们往往可连接绳控系统，是电动轨道的标配。

绳控系统 拉绳不像拉杆，是可以单独选配的配件，它配有专门的轨道，里面有滑轮走绳系统，通过牵引绳拉动滑车来控制帘片的开合位置。配有这样系统的轨道，可以很好地解决一些斜窗窗帘的开合定位问题。

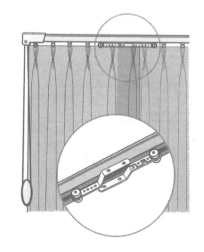

吊装支架　在一些不具备常规侧装和常规顶装条件的地方，或者一些有特殊需求的场所（比如医院病房、服装店更衣室），还有一种吊装的安装方式，适用于直轨和弯轨，但需要利用专门的配件——吊装支架。

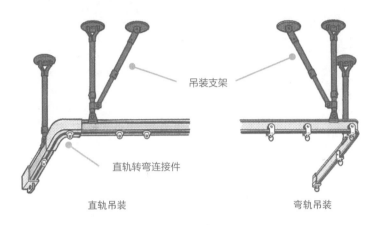

吊装支架

直轨转弯连接件

直轨吊装　　　　　　　　　　　弯轨吊装

关于如何解决对开窗帘漏光的问题 2

　　要解决对开窗帘中间漏光的问题，还有一种方法就是将布帘的轨道交错式安装。在安装空间充裕（窗帘箱进深20cm以上）的情况下，将两片布帘分别装在两根轨道上。两根轨道用顶装码安装，前后位置错开，并有一段距离的重叠。这样，在两片帘合拢时，前片帘子的一段自然挡住了后片，从而避免了漏光。

轨道交错式安装

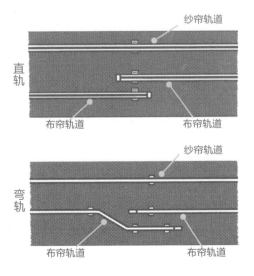

纱帘轨道

直轨

布帘轨道　　　　布帘轨道

纱帘轨道

弯轨

布帘轨道　　　　布帘轨道

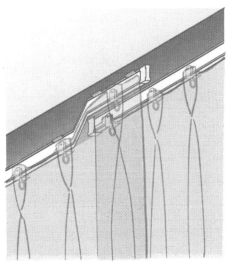

一些特殊的窗帘导轨及配件

盒式轨道

除了传统的直轨、弯轨款式，近年来也出现了很多安装更为便捷的一体式轨道（盒式轨道），有金属材质，但更多是轻便的PVC材质。盒式轨道一般有三根轨道槽，其中靠前的两根为布帘轨道，是为了两片帘片可形成交错，从而防止漏光。

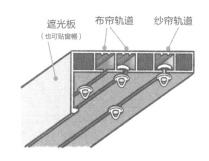
遮光板（也可贴窗幔）　布帘轨道　纱帘轨道

关于如何解决对开窗帘漏光的问题 3

除了中间漏光，帘片两侧的漏光问题往往容易忽视。但要衡量一款布艺窗帘是否具备专业品质，其中非常重要的标准就是看它两侧是否有防止漏光及纱帘外露的包头处理。

布帘外侧边漏光

包头

布帘外侧边包头处理

包头　是布帘帘片外侧多出来的一段垂直于墙面的布边，宽度是布帘轨道距离墙面的尺寸，刚好可以遮住侧面的空档。如果是罗马杆，具体安装时可以在包头反面穿一个小尖钩，悬挂固定在安装支架上专门增加的一个挂环上；如果是窗帘导轨，则可以悬挂在纱帘轨道最外侧的挂环上。

防侧漏光窗帘轨道

不论是窗帘导轨，还是罗马杆，都有不少可防侧漏光的方法，比如在两端为布帘轨道增加一个有弧度转弯的盒式轨道，设计成两端弯弧状的导轨，定制有弯弧转角的罗马杆。

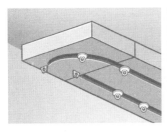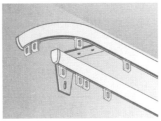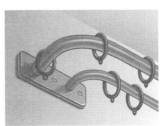

隐形导轨

有一类特殊的轨道款式日趋流行，其本质是一种嵌入式导轨。硬装施工时在天花板上开槽或预留槽口，然后将窗帘导轨安装嵌藏进槽里。最终的效果是在天花板上只有根细细的槽，轨道实体仿佛隐形了。

这样的轨道最适合搭配悬挂极简风格的布艺蛇形帘，也可搭配隐藏式的灯带，再配合电动智能开合模式，形成极具未来感的超现代风格。

智能操控系统

随着智能家居的发展日趋完善，相关产品也越来越丰富，智能窗帘／窗饰产品是其中非常重要的一块。它们属于家居智能光线管理系统，与智能灯光产品一起改善人们日常生活所需的各种光线环境。此外，它们也可参与家居智能温控、智能安防、智能影音等系统的工作。

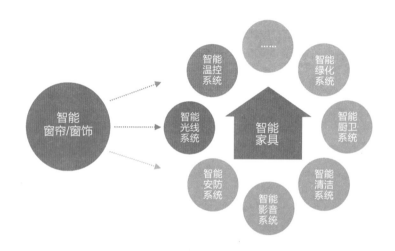

智能窗帘、智能窗饰，有别于传统窗帘／窗饰产品的手动操控方式，智能家居系统里的窗帘／窗饰产品通过电动来进行帘片的开合及角度调节等，而让电动产品进一步升级成智能产品的关键是通过智能化方式控制窗帘／窗饰，如APP控制、智能音箱控制、感应控制。

智能窗帘／窗饰＝基础窗帘／窗饰产品＋电机＋智能化控制

电动是传统窗帘／窗饰产品升级为智能化产品的基础条件，智能窗帘／窗饰需具备窗帘电动轨道或窗帘电动机器人。

电机是电动轨道的核心部件，有直流电机和交流电机两类，普通民用的更多的是相对更加安全、稳定、静音的直流电机。交流电机驱动功率较大，更多被用于一些大型公共空间的窗帘／窗饰。此外，窗帘电机还分为有线款（电源插座供电）和无线款（电池供电）两种，有线款整体性能更优，但无线款配套使用充电电池，可以解决在没有预留电源线的场景安装智能化窗帘／窗饰产品的问题。

电动平开轨道

电动轨道的种类繁多，所有布艺窗帘、成品窗饰都可配置相应的电动轨道系统。根据开合方向大致可分为平开轨道、升降轨道、天棚轨道三种。普通家居用得最多的是平开电动轨道，而其中又有电动导轨和电动罗马杆两类。

电动导轨

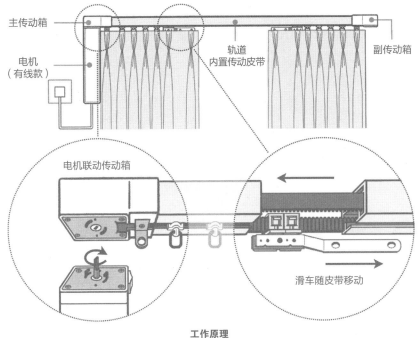

工作原理

①电机联动传动箱内的齿轮转动；②齿轮带动轨道中内置的皮带循环运动；

③两个滑车分别固定在皮带的两边；④窗帘帘片内侧第一个褶裥挂在滑车上；

⑤皮带循环运动，带动两个滑车反向移动，牵引窗帘开合。

- 可选配有线电机或无线电机（不同电机有不同的配套操控模式）。
- 与普通轨道一样，可顶装、可侧装（有配套安装码）。
- 可单开、可对开（电机行程可设置）；可拼接（有相关连接件）、可弯弧（不同产品支持的弧度不同）。
- 与普通轨道相比，安装预留位置（窗帘箱宽度）稍大。
- 当窗帘较宽较重时，单根轨道可以配两个电机，增加驱动力同步传动。

电动罗马杆

电动罗马杆同电动导轨的工作原理一样，由电机联动皮带循环运动，通过随皮带运动的滑车来牵引帘片开合。

电动罗马杆有两种类型，一种是经典款，保留了常规罗马杆经典的挂帘方式；另一种是用挂环挂帘或者穿杆式打孔帘。它们的杆子同电动导轨不同，虽然也是中空内置循环皮带，但杆子的槽口开在了顶端，在上面移动并且牵引帘片开合的滑车有一个特别的U形卡口，专门用来托住挂环或打孔帘的窗帘圈。

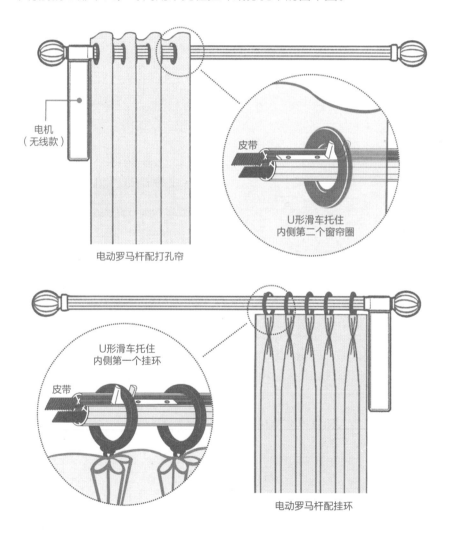

电机
（无线款）

皮带

U形滑车托住
内侧第二个窗帘圈

电动罗马杆配打孔帘

U形滑车托住
内侧第一个挂环

皮带

电动罗马杆配挂环

　　还有一种电动罗马杆是导轨改良款，可以理解成是将导轨做成了罗马杆的外观，中空的轨道内置皮带，槽口在下，用滑轮和滑车来牵引窗帘的开合。这样的罗马杆实质是导轨，多少丧失了一些传统罗马杆的整体美感。

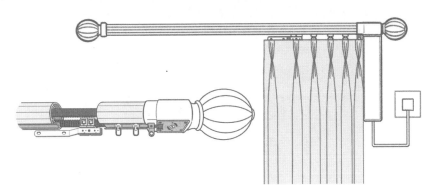

导轨改良款电动罗马杆

关于平开窗帘电动轨道侧漏光的问题

　　由于平开电动轨道的两端增加了电机和传动箱，如果按照常规窗帘导轨/罗马杆的滑轮、挂钩配置来悬挂窗帘，不仅无法遮挡传动箱和电机而且还漏光。为了解决这个问题，有些电动轨道厂家在传动箱位置增加了一个小挂扣，用来悬挂帘片最外侧的褶裥挂钩，好让帘片完全遮住电机和传动箱。

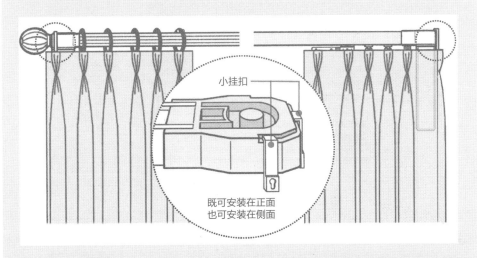

小挂扣

既可安装在正面
也可安装在侧面

　　不同品牌电动轨道的产品细节会有差异，挂扣的规格、安装位置，以及传动箱、电机的规格，这些数据会关系到窗帘相关部位的加工尺寸，设计师务必要了解清楚。

电动升降轨道

各种升降帘（卷帘、罗马帘、百叶帘、柔纱帘、风琴帘等）的电动轨道系统都有着类似的结构：采用管状电机，电机转动卷管（或卷轴）而卷起或展开帘片；或者由上面的卷绳器卷起或展开绳线来升降帘身以及调整叶片的角度。

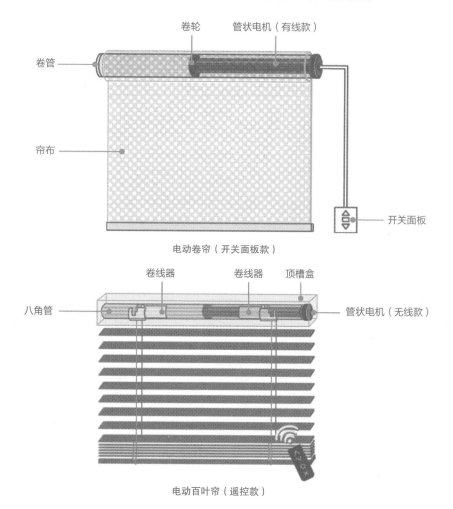

电动卷帘（开关面板款）

电动百叶帘（遥控款）

- 可选配有线电机或无线电机并配套多种操控模式。
- 电机内置于顶槽或卷管，安装预留空间比普通轨道稍大。
- 功率大的电机可以1个电机带动2幅甚至多幅升降帘。
- 转角窗2幅或多幅升降帘可通过转角连接件联动。

电动升降帘135° 连接件

高窗电动升降 / 平开轨道组

电动升降/平开轨道组专门用于高窗，以解决高窗窗帘人力拉动开合困难以及拆卸不便的问题。它们由一套顶装的配有大功率有线电机的电动升降轨道和一套吊于其下的电动平开轨道组成。日常由平开系统操控窗帘开合，当有清洗或替换需求时可使用升降系统将窗帘降下来拆卸。除家用外，此类系统还用于舞台幕布、会场条幅等。

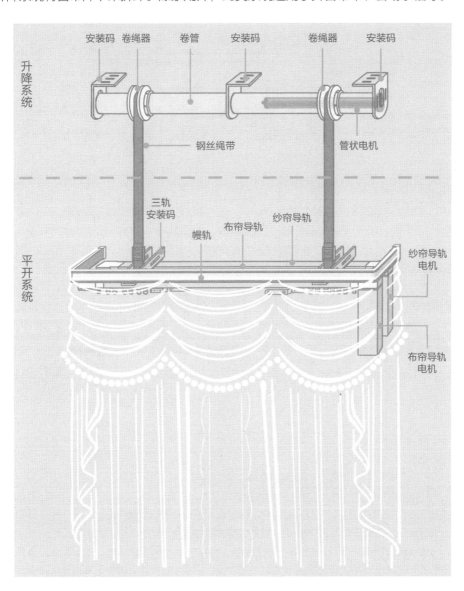

窗帘电动机器人

近年来出现了很多可以将普通手动操控窗帘轻松改造升级成电动/智能窗帘的窗帘电动机器人。它们体型小巧、操作方便，普遍采用充电电池，完全充电可使用数月。其中最常见的是应用于普通窗帘导轨/罗马杆的平开布艺窗帘电动机器人。

平开布艺窗帘电动机器人

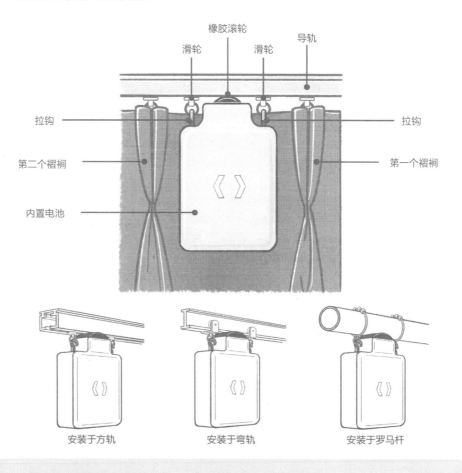

安装于方轨　　　　安装于弯轨　　　　安装于罗马杆

- 平开布艺窗帘电动机器人适用于各种褶裥款和打孔款布艺窗帘。
- 对应不同的窗帘导轨/罗马杆，都有相匹配的拉钩、扣环等安装配件。
- 机器人安装在窗帘导轨/罗马杆上，位置位于帘片内侧第一和第二个褶裥之间。
- 机器人的橡胶滚轮与导轨/罗马杆紧密贴合。当电力驱动滚轮转动时，由于摩擦力作用，机器人在导轨/罗马杆上左右匀速移动并推动窗帘褶裥位移，从而实现窗帘的开合操控。

线控升降窗帘电动机器人

普通的手动罗马帘、卷帘、百叶帘、垂直百叶帘、柔纱帘、垂直柔纱帘、风琴帘、斑马帘等成品窗帘，如果它们可用市面上最普及的循环拉绳/拉珠的方式来控制帘片开合的话，现在都能通过线控窗帘电动机器人轻松升级成电动/智能产品。

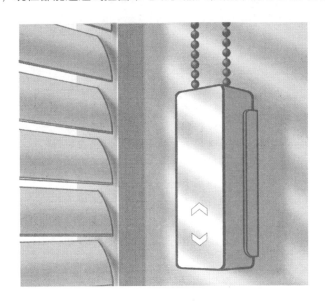

- 线控窗帘电动机器人一般通过配套底座安装固定于墙面合适位置。将成品帘的循环拉绳/拉珠卡套在机器人内部的齿轮上。

- 通过电力驱动齿轮带动拉绳/拉珠循环运动，从而实现控制帘片的开合以及叶片（百叶帘、柔纱帘）的翻转。

- 针对不同的拉绳/拉珠有相匹配的齿轮配件。

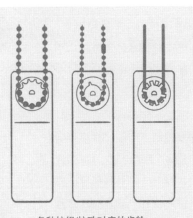

各种拉绳/拉珠对应的齿轮

这些窗帘电动机器人产品，虽然在性能上还不能跟配有电动轨道系统的标准电动窗帘产品相比，但对于那些在室内装潢初期没有选择标准电动窗帘产品的客户来说，无疑是提供了非常便捷且价廉物美的窗帘电动/智能化升级方案。

智能化控制

电力驱动让普通手动窗帘/窗饰变成了电动产品，但真正让窗帘/窗饰变成智能化产品的，是那些先进的启动控制方式。从最基础的人力手动到最自动化的感应启动，窗帘/窗饰产品的启动控制方式，目前有三种不同的层次。

人力控制 最原始的方式是用手动拉扯来控制窗帘开合。各种拉绳/拉杆属于助力；开关面板或遥控器大大节省了人力，但仍然属于人力控制启动的范畴。

* 手动方式在一些电动轨道商品中其实同样适用。轻轻一扯帘片，旋即启动了电力开合；又或者在停电的时候，所有电动轨道也都是可以支持手动方式工作的。

程序控制 极大提升了产品的自动化水平，开合度和角度设置、定时设置、情景模式设置这些常用命令都可以通过手机APP远程操控、智能音箱语音输入或者中控智能面板进行预设。

* 情景模式设置是将窗帘/窗饰产品融入智能生活场景的设定。比如：当人们打开观影模式，窗帘自动闭合遮光，同时室内灯光及影音系统自动联动开启相应的模式。

感应控制 自动化程度最高的启动控制形式。通过光线、温度、红外线等感应器来控制窗帘/窗饰的开合程度以及角度，让室内环境始终处在最适宜的状态。各种感应器的设置也可并入程序控制被集中管理。

* 光感应器用在百叶产品上，根据光照强弱调节叶片角度。
* 红外感应器可以制造很酷的场景：清晨，你走近窗边，窗帘会自动打开。
* 温度感应器可以按预设的室温开合窗帘，具有保温节能的作用。

智能窗帘 / 窗饰的产品选择

智能家居正在蓬勃发展，智能窗帘 / 窗饰产品也在不断更新迭代，窗帘设计师如何帮客户选择智能窗帘 / 窗饰产品呢？

1 确定窗帘 / 窗饰产品基础信息

产品信息 款式/数量 开启方式	平开帘　单层/双层、单开/双开 升降帘　常规式/日夜式
成品尺寸	是否挂超宽/超重窗帘？
安装信息	顶装/ 侧装、安装空间尺寸 是否装异形轨道？ 是否有预留电源？

2 选择电动产品配置

窗帘电动轨道	或	窗帘电动机器人

轨道款式	电动平开导轨 电动罗马杆 电动升降平开轨道
电机 类型/供电方式	直流电机/交流电机 有线电机/电池电机 功率、扭矩、承重、静音度

3 选择智能化配置

控制方式	开关面板/遥控器 APP
智能功能	定时设置 开合度/角度设置 情景模式 光感应/温感应/红外感应

房挂（墙钩）

布艺窗帘被打开时，人们往往喜欢将帘片扎起来，上段形成优美的弧线，下摆的褶皱自然垂顺折叠。要达成这样的柔美造型有一个关键的配件就是墙钩，它还有一个古老又好听的名字——房挂。

帘片扎起的方式很多，最常见的有两种。

①用帘穗或绑带扎起帘片，并固定
在房挂上。

②直接将帘片挽起搭在房挂上。

房挂的品种繁多，有的适用第一种方式，有的适用第二种，有的两者皆可。

造型丰富的房挂及其应用

　　房挂的质地大都以金属或树脂等硬质材料为主，属于窗帘硬配件。一般由专业生产窗帘轨道（尤其是罗马杆）的企业出品。

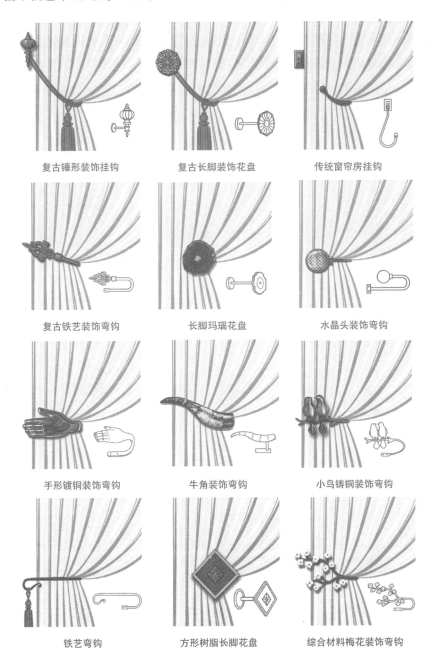

复古锤形装饰挂钩	复古长脚装饰花盘	传统窗帘房挂钩
复古铁艺装饰弯钩	长脚玛瑙花盘	水晶头装饰弯钩
手形镀铜装饰弯钩	牛角装饰弯钩	小鸟铸铜装饰弯钩
铁艺弯钩	方形树脂长脚花盘	综合材料梅花装饰弯钩

绑带

绑带属于窗帘的软附件，可跟房挂搭配或者单独扎起帘片，为布艺窗帘的装饰效果起到锦上添花的作用。

绑带分为两种：一种是由专业生产花边附件的企业出品的成品商品，比如最常见的帘穗和绳编绑带；另一种是非厂家量产的标准商品，属于各种DIY产品。它们种类繁多、材质丰富，很多款式充满了想象力。

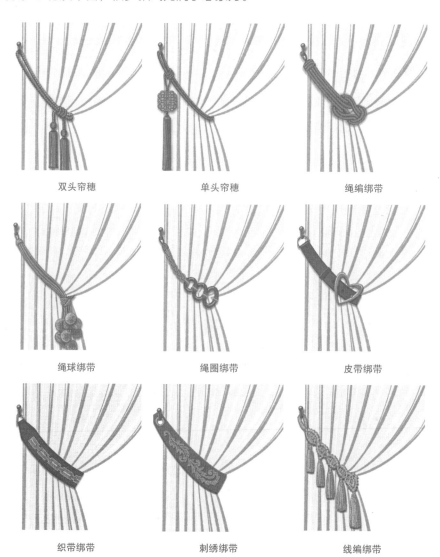

双头帘穗　　　　　　　　单头帘穗　　　　　　　　绳编绑带

绳球绑带　　　　　　　　绳圈绑带　　　　　　　　皮带绑带

织带绑带　　　　　　　　刺绣绑带　　　　　　　　线编绑带

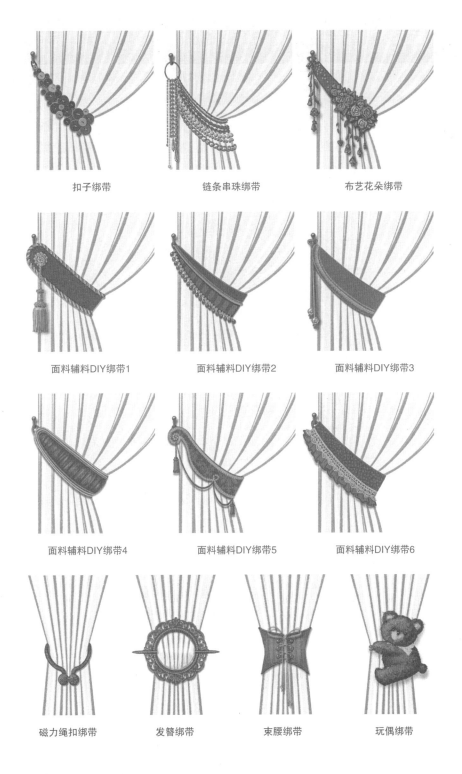

扣子绑带　　　　链条串珠绑带　　　　布艺花朵绑带

面料辅料DIY绑带1　　面料辅料DIY绑带2　　面料辅料DIY绑带3

面料辅料DIY绑带4　　面料辅料DIY绑带5　　面料辅料DIY绑带6

磁力绳扣绑带　　　发簪绑带　　　束腰绑带　　　玩偶绑带

窗帘盒

在轨道和配件类商品中，还有特殊的一类——窗帘盒。

窗帘盒又叫"飞檐""檐口"。在西方古代建筑中，窗帘盒是室内装饰非常重要的一部分。窗帘盒连同窗帘杆、窗幔、布/纱帘以及房挂、帘穗等装饰附件，构成了一个完整的整体窗饰。

19世纪法国室内装饰图册上的整体窗饰

虽然现代住宅建筑风格整体趋于简约，但经典的、奢华的装饰风格永远都不会消失。而各种精致华美的窗帘盒造型，仍然是高端复古风格家居中的装饰亮点。

窗帘盒可分为两类：硬质窗帘盒和软包窗帘盒。

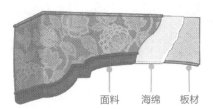

面料　海绵　板材

硬质窗帘盒　通常由生产窗帘轨道（尤其是罗马杆）的企业生产并向客户提供定制。其材质可以是木材、石膏、塑料板甚至是金属。

软包窗帘盒　通常是由窗帘厂家或设计师自己DIY制作。用面料包裹板材（木板、塑料板、纸板），而中间贴一层海绵是达成良好"软包"效果的关键。

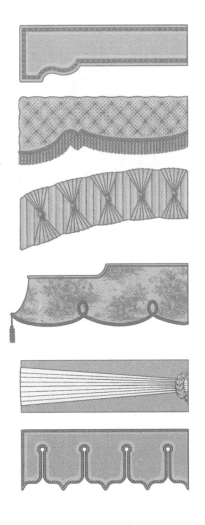

成品窗饰类商品

　　成品窗饰是窗帘店中除了布艺窗帘以外的另一大类商品。所谓成品，对应的是定制。与传统布艺窗帘的"设计—订料—加工"的定制属性不同，成品窗饰没有留给设计师太多设计发挥的空间。它们由专业厂家生产，每款商品的主材和配件都已标准化。设计师在有限的选材范围内确定最终款式构成。然后根据项目实际尺寸需求对主材进行裁切、组装配件，最终完成安装调试。其中有很多商品的测量、安装也都需要专业厂家提供技术服务。

　　成品窗饰按款式类型可分为三大类：成品遮阳帘、成品遮阳窗饰和成品装饰帘。

　　成品遮阳帘　主要功能是遮阳，产品属性是帘，大多用于室内。比如：卷帘、百叶帘、风琴帘、柔纱帘。

　　成品遮阳窗饰　主要功能也是遮阳，但它们的产品属性是窗饰。有的用于室内，也有的用于户外。比如：百叶窗、防风卷帘、户外百叶。

　　成品装饰帘　是以装饰为主要目的的各种成品化的帘或类帘的商品。比如：线帘、串珠帘、编织帘。

成品遮阳帘

与布艺窗帘相比，成品遮阳帘的历史并不悠久，相传最早的产品——卷帘出现于 17 世纪的荷兰，但大多数品种都是 19 世纪以后诞生的。

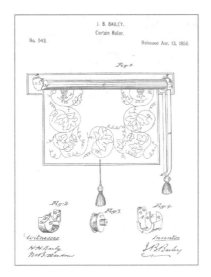 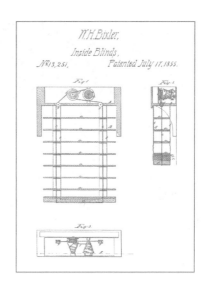

早期的卷帘和百叶帘的专利证书（19世纪50年代）

成品遮阳帘的分类

20 世纪，随着各种新材料、新技术的出现，越来越多的成品遮阳帘被陆续发明出来并且不断更新迭代。到今天，它们的品种已经相当丰富，分类也十分多样，我们试着大致梳理一下现有的主要成品遮阳帘商品的分类。

成品遮阳帘的基础款式有：卷帘、斑马帘、百叶帘、风琴帘、柔纱帘、罗马帘、屏风帘。

如果按照开合方式分类，这些基础款式可分为升降式和平开式两大类。

如果按照安装位置来分类，成品遮阳帘的基础款式中又有一些可以延伸出两种特殊类别：顶棚款和窗上款（安装在窗框上，可随窗而动）。

此外，基础款式中还能延伸出一些别具特色的款式，比如日夜式。

这些基础款式常规都是手动款，但现在所有这些款式都可以升级成电动操控甚至智能操控。

款式	日夜式	垂直款	顶棚款	窗上款	电动／智能系统
卷帘	√		√	√	√
百叶帘		√		√	√
风琴帘	√		√	√	√
柔纱帘					√
斑马帘					√
罗马帘			√	√	√
屏风帘	√				√

成品遮阳帘的材质

成品遮阳帘有别于传统布艺窗帘的一个很大特征就是：它们的帘体材质普遍更坚固耐用。虽然有些成品遮阳帘（比如卷帘、罗马帘、屏风帘）中也有一些款式采用了传统的面料织物或者竹草麻等天然材质做它们的帘体主材，但更多的是选用更具功能性的新型复合材料，比如表面有PVC涂层的聚酯纤维织物、玻璃纤维织物、铝镁合金、高分子PVC合成材料。

这些新型材料都要比传统面料织物或天然材料更经久耐用，而它们所具有的功能性，除了基础的遮光调光功能以外，还有抗紫外线、隔热、阻燃、防水、防霉、抗污、杀菌等功能。

随着科技的进步，成品遮阳帘的发展必将越来越迅猛，从而逐渐取代传统布艺窗帘的地位。

常见的几种遮阳帘

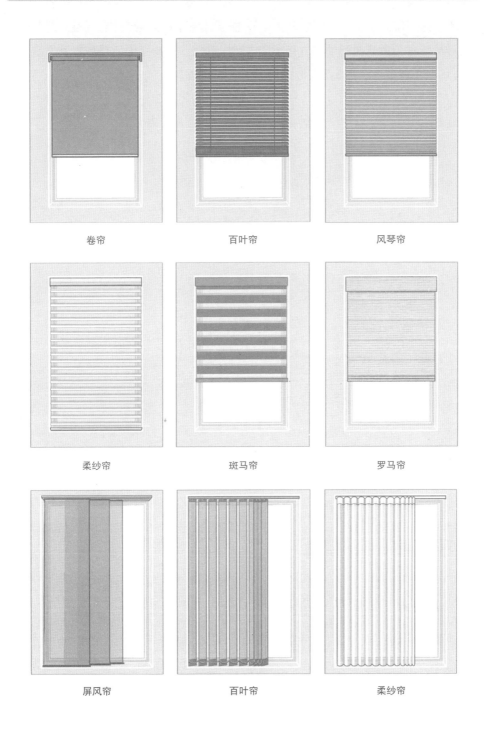

卷帘　　　　　　　百叶帘　　　　　　　风琴帘

柔纱帘　　　　　　斑马帘　　　　　　　罗马帘

屏风帘　　　　　　百叶帘　　　　　　　柔纱帘

卷帘

卷帘是将帘片卷绕在一根卷轴上，卷轴卷动带动帘片升降开合从而达到调节光线的效果。常见的开合驱动方式有手动式和电动式。手动式里又有最常见的循环拉珠/拉绳款、半自动款（弹簧款），和不大常见的无绳款。

安装方式既可顶装也可侧（墙）装，以及靠两端侧撑配件固定的免钉安装。安装位置可根据实际使用需求及现场情况选择安装在框内或框外。

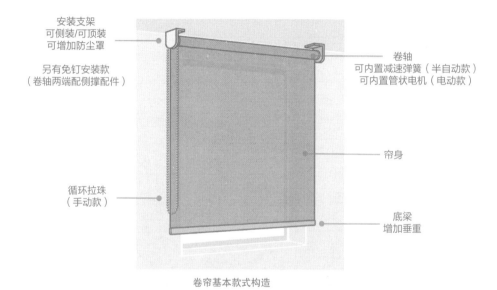

安装支架
可侧装/可顶装
可增加防尘罩

另有免钉安装款
（卷轴两端配侧撑配件）

卷轴
可内置减速弹簧（半自动款）
可内置管状电机（电动款）

帘身

循环拉珠
（手动款）

底梁
增加垂重

卷帘基本款式构造

卷帘的帘身材质

卷帘的材质多种多样，从最早期的传统面料、织毯、天然竹草麻，到现代的具有各种功能性的复合纤维（聚酯纤维为主）结合涂层技术的新型织物。表面纹理质感变化繁多，并有不同等级的遮光效果。

复合纤维　　　不同透明度混纺　　　各种显花工艺的材质　　　天然或人造竹草麻

各种卷帘款式

循环拉珠/拉绳卷帘

循环拉珠/拉绳卷帘

最常见的手动操控卷帘基本款式。可加装饰顶罩，拉珠/拉绳装在左右两侧均可。将此款式同半自动款结合，便是拉珠弹簧卷帘，用拉珠/拉绳带动弹簧装置，操作更便捷。

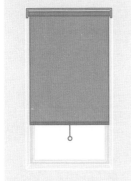

半自动卷帘

半自动卷帘

卷轴内置减速弹簧系统，底梁中间有拉绳，向下拉动可将帘片驻停在需要的位置，用不同速度（或角度）向下拉动后放手可将帘片轻快地回弹收起。

车用卷帘属于最简单的弹簧卷帘，配置普通弹簧，只有全拉下和全收拢两种状态。

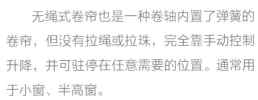

无绳式卷帘

无绳式卷帘

无绳式卷帘也是一种卷轴内置了弹簧的卷帘，但没有拉绳或拉珠，完全靠手动控制升降，并可驻停在任意需要的位置。通常用于小窗、半高窗。

无绳操控系统具有相对安全性，无绳式卷帘适合安装在有小孩和宠物活动的空间。

日夜式卷帘

日夜式卷帘

日夜式卷帘有两根卷轴，两片不同的帘片，一片遮光、一片透光。通过调节两片帘片的开合位置来达到更多层次的调控光线的目的。

日夜式卷帘的操控系统可以是电动系统，也可以是普通手动拉珠系统以及一控二式弹簧系统。

边索款卷帘

边索款卷帘

边索款卷帘又称窗上款卷帘，因可直接安装在窗户窗框上，两侧有边索（定位绳）帮助固定帘片，使其在开合时始终贴合于窗户，适用于内开内倒窗或顶棚天窗。窗上款卷帘操控系统多为电动系统或手动无绳系统。

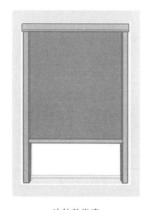

边轨款卷帘

边轨款卷帘

边轨款卷帘两侧加装导轨边框，帘片开合时侧边始终置于其中。可防侧漏光 、保温隔热、防风。因具有防风功能被广泛用于户外（阳台、门廊等），又被称为"防风卷帘"，也可作为窗上款用于内开内倒窗或顶棚天窗。

传统竹草卷帘

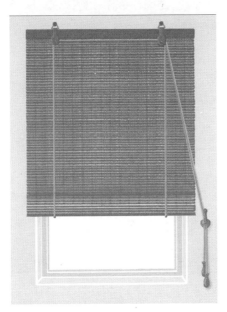

传统竹草卷帘

　　诞生于中国古代的传统竹草卷帘历史悠久，汉字"簾"便源于此，至今仍是东方风韵家居装饰的经典元素。材质可以是天然或人造竹、草、麻、藤、纸，或加了其他元素的复合材料，也可添加各种同样具有东方传统意味的装饰小配件。

　　传统竹草卷帘的升降操控系统与现代流行的卷帘产品不同，它的卷轴在帘片的下端，通过向下拉绳，抬升卷轴将帘片卷起。

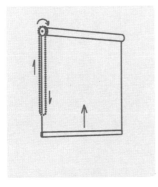

现代卷帘

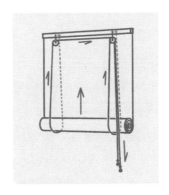

传统竹草卷帘

斑马帘

斑马帘的面料比较特殊，是由遮光的布和透光的纱一条条间隔交织而成，看上去就像斑马线，因此得名。严格来说它是一种特殊的卷帘，是双层卷帘，它也被称作"调光卷帘"。

也有地方叫它柔纱帘，但易跟传统意义上的柔纱帘混淆，所以出于更严谨的分类原则，还是应该称其为斑马帘。

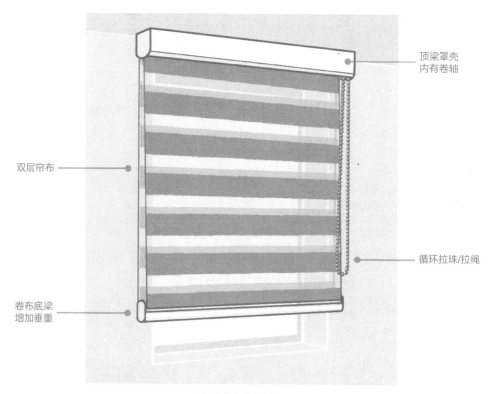

斑马帘基本款式构造

斑马帘的历史不长，诞生于2000年后的韩国。它虽然是所有成品遮阳帘中最年轻的一员，却在近些年来日渐流行，已成为成品遮阳帘中非常重要的一类。

安装方式同其他卷帘基本一样。可顶装，可侧装，也有免打孔安装。但因是双层帘布，顶梁体积大，所以需要的安装空间要稍大一些。

操控系统有循环拉珠/拉绳、无绳手动款、电动系统。

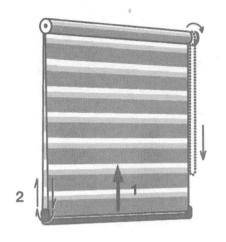

斑马帘的调光原理

　　由于帘布是双层循环结构，当它整体卷动升降时（图中 1 所示），前后两层帘布同时也在做循环位移（图中 2 所示），前后两层面料上的遮光带与透光带的位置不断形成重叠与错位，由此形成多种透光与遮光状态。

全部放下
前后遮光带交错状态

向上升起
前后遮光带重叠状态

继续向上升起
前后遮光带半重叠状态

继续向上升起
前后遮光带重叠状态

全部收拢

百叶帘

百叶帘是由绳或带子将一条条长条"叶片"串连，通过整体升降开合以及调整"叶片"的角度及间隙大小，达到调节光线、遮蔽隐私的效果。安装方式既可顶装也可侧（墙）装，有些轻巧的款式也可免钉安装。

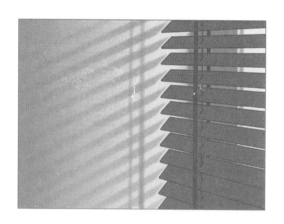

与卷帘只有上下两种开合状态不同，百叶帘可以有多种调光及遮隐状态。

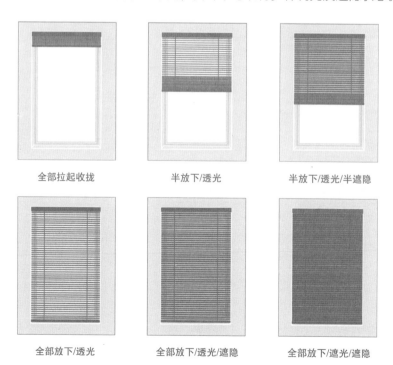

| 全部拉起收拢 | 半放下/透光 | 半放下/透光/半遮隐 |
| 全部放下/透光 | 全部放下/透光/遮隐 | 全部放下/遮光/遮隐 |

百叶帘的分类

百叶帘根据百叶的方向，可分为水平百叶帘与垂直百叶帘。根据材质，又可分为四种：金属（铝）百叶帘、木（实木或仿木）百叶帘、塑料（PVC）百叶帘和布（聚酯纤维）百叶帘。

水平百叶帘

金属百叶帘

木百叶帘

塑料百叶帘

布百叶帘

垂直百叶帘

布百叶帘

金属百叶帘

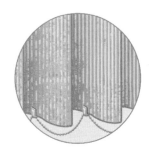

塑料百叶帘

*百叶相关的产品还有很多，如：百叶窗、内置百叶、户外百叶。但这些都不属于遮阳帘而属于遮阳窗饰。

水平百叶帘的操控系统

百叶帘的操控系统是所有成品遮阳帘中最复杂的，因为它既要处理升降同时又要调整叶片角度，再加上不同材质百叶适用的系统也有差异，所以自它们诞生以来就有各种新颖的操控系统不断被研发出来。下面我们列举当下最主流的几种。

标准绳棒系统

一根绳控制升降（顶端有锁扣以控制升降位置），一根棒可旋转以控制叶片角度，绳棒可在同侧，也可分开。

标准三绳系统

一根绳控制升降（顶端有锁扣），另一组两根绳控制叶片角度，多适用于较重的木百叶。

循环拉绳/拉珠系统

仅有一根循环绳/拉珠，可同时控制升降及叶片角度。

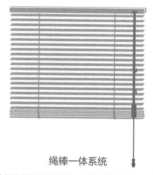

绳棒一体系统

将控制升降的拉绳穿过控制叶片角度的调节棒，合二为一。

手动无绳系统

通过用手抬拉底梁来控制升降，用调节棒或手调节叶片角度。适用于小窗，对儿童安全。

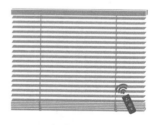

电动无绳系统

所有百叶帘均可升级为电动无绳系统。

*以上这些操控系统也适用于其他成品升降帘。

金属百叶帘

百叶帘中，最常见的是铝合金百叶帘，简称"铝百叶"，诞生于20世纪40年代，风靡全球几十年，是成品遮阳帘中销量最多的产品。

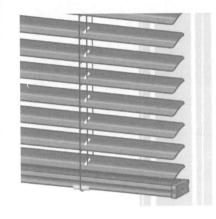

材质：铝镁硅合金。

特点：时尚感。有丰富的色彩、多种质感及纹理效果；叶片轻薄、有韧性可弯曲回弹，但也易出现折痕；防水，用于厨房可做防油污涂层。

叶片规格：35mm、25mm、15mm等，窗上款可做到更窄。

操控系统：标准绳棒、绳棒一体、循环拉绳/拉珠、手动无绳、电动。

金属百叶帘中的特殊款式

边索款百叶帘

两侧有边索，穿过每根叶片两端的小孔，并固定在窗台或窗框上。可定位、防风，可做窗上款。

宽景款百叶帘

特殊的两片式设计，使叶片在打开的状态下叶片之间的空隙更大，拥有更加宽阔的透景和透光效果。

木百叶帘

木百叶帘是百叶帘中的高端产品。它的历史最悠久，源自对百叶窗的改良，相传古波斯王国时期就有这样的形式，后由威尼斯传入欧洲。

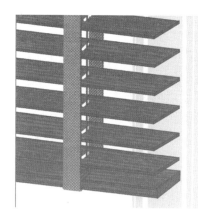

材质：椴木、松木、杉木等。

特点：自然典雅、大气谦和，但质量重，操控相对费力、易磨损。有些材质处理不好还容易变形、开裂。

叶片规格：50mm为主。

操控系统：标准三绳、循环拉绳/拉珠、绳棒一体、手动无绳、电动。

*以高分子PVC材料制作的仿木百叶，相对轻盈，不易变形，还具有防水、防潮、阻燃等功能，但整体质感韵味还是比实木要逊色。

两种木百叶帘款式效果

梯绳款

与其他百叶帘一样，用梯绳串连并控制叶片。叶片上的穿绳孔往往较为明显。

梯带款

木百叶帘中特有的款式，用梯带替代梯绳，有更强的承重力和装饰性。

塑料百叶帘

塑料百叶帘又称 PVC 百叶帘，自 20 世纪中叶发明，最初多用来仿制金属百叶帘和木百叶帘的效果，其价格低廉，因其材料的可塑性而前景广阔。

材质：PVC 材料。

特点：价廉物美，经久耐用。叶片规格款式众多，其中最知名的是 S 形叶片，闭合时可更贴合而遮光。还可在叶片上做各种装饰效果，如雕花、印花。

叶片规格：多种。

操控系统：标准绳棒、标准三绳、循环拉绳 / 拉珠、绳棒一体、手动无绳、电动。

布百叶帘

布百叶帘是百叶帘家族中最年轻的一员，诞生于 21 世纪初。叶片由新型聚酯纤维纺织技术制成，布艺质感柔化了传统百叶帘的硬质感。

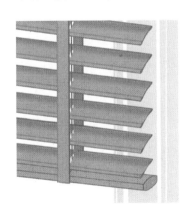

材质：聚酯纤维。

特点：色调素雅、质感柔美，布艺材质的透光性可营造别样光影。质地轻盈、耐弯折、操控方便。表面做功能涂层，可防水防霉、可防污易清洁。

叶片规格：50mm 为主。

操控系统：标准绳棒、标准三绳、循环拉绳 / 拉珠、绳棒一体、手动无绳、电动。

除了以上这四种，也曾出现过其他材质的百叶，比如：皮百叶（铝合金外包覆人造皮革），但它们由于材质性能的限制，无法成为更实用的遮阳产品，装饰性大于功能性。

垂直百叶帘

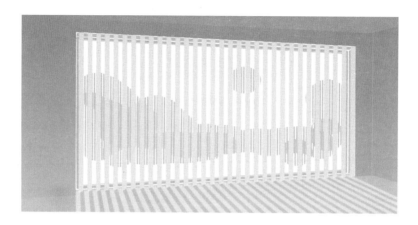

垂直百叶帘非常适合用于现代风格的落地大窗。它既可以单开，也可以分段对开，还能适用于弧形窗。如果配合电动系统开合及调整叶片角度，光线与景观"大开大合"，现代感十足。

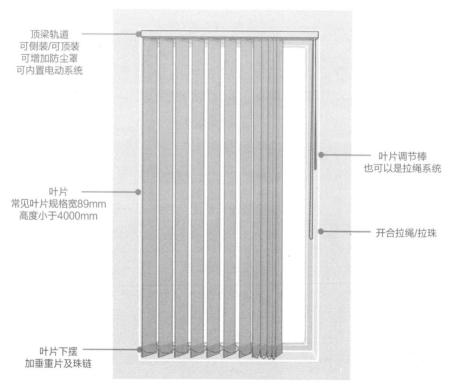

顶梁轨道
可侧装/可顶装
可增加防尘罩
可内置电动系统

叶片调节棒
也可以是拉绳系统

叶片
常见叶片规格宽89mm
高度小于4000mm

开合拉绳/拉珠

叶片下摆
加垂重片及珠链

垂直百叶帘基本款式构造

垂直百叶帘的材质

垂直百叶帘按材质分类主要有三种：纤维织物百叶帘、铝百叶帘和PVC百叶帘。

纤维织物百叶帘　　　　　　　铝百叶帘　　　　　　　　　　PVC百叶帘

纤维织物百叶帘是当下垂直百叶帘中最常见的，其主要材质是聚酯纤维，也就是涤纶。它可以做出各种不同表面纹理及遮光度的织物叶片，叶片表面还可加各种涂层增加其功能性。如果将它们同透光的纱质织物（通常为尼龙材质）结合，便可衍生出另外一类遮阳帘——柔纱帘。

铝百叶帘因其独特的金属光泽和质感仍然是垂直百叶帘中的经典款式。优点是经久耐用、易清洁，缺点是较重，拉动开合会有噪声。

PVC百叶帘造价相对低廉，易于清洁，永不褪色。造型及装饰变化丰富，有平面、弧形、条纹、波纹、印花及双面压纹等多种款式。

波纹垂直百叶帘

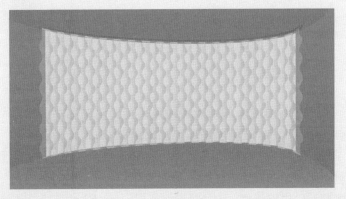

　　垂直百叶帘的百叶造型除了基本的直条样式，还可以设计成其他样式。早在20世纪初就有企业推出了非常有特色的波纹状叶片产品，帘片整体开合时会产生奇妙的光影轮廓变化，装饰性极强。

风琴帘

风琴帘是以折叠形式开合的成品遮阳帘，帘布的褶子外观恰似风琴，因此而得名。常见的风琴帘都是升降帘形式，也有极少的情况会用到平开形式。

风琴帘按照帘布的造型结构，又可分为两大类：百褶帘和蜂巢帘。

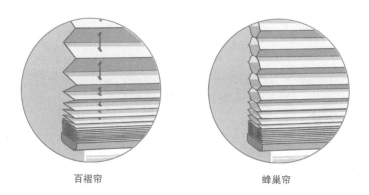

百褶帘   蜂巢帘

百褶帘也叫"百折帘"，20世纪以来不断有人在百叶帘的基础上进行改良，或者受到中式纸折扇的启发，设计出各式各样的百褶帘，但在帘片材料上，都还不是今天我们看到的聚酯纤维无纺布，这种轻薄、坚韧、耐用的材料被成熟运用到成品遮阳帘上是在20世纪80年代后。也正是那个时期，蜂巢帘这项天才的发明诞生了，它是由荷兰知名窗饰企业亨特·道格拉斯推出的。

奇妙的蜂巢构造

蜂巢帘的帘布采用了独特的蜂巢结构,这是一种完美的几何构造。它们既轻巧又结实,能非常服帖地折叠收拢,不需要百褶帘那样的吊线支撑。

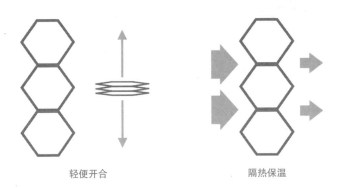

轻便开合　　　　　　　　　隔热保温

每一个"蜂巢"中空的空气腔,可很好地隔断帘片两边的各种能量传导,起到遮光、隔音、隔热、保温的作用。尤其是隔热保温,让房间无论冬夏都能尽量使室内温度不会有太大变化,因此蜂巢帘成为最环保节能的遮阳帘。

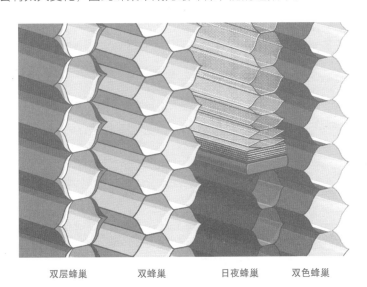

双层蜂巢　　　　　双蜂巢　　　　　日夜蜂巢　　　　双色蜂巢

"蜂巢"的形式日趋丰富多样,半遮光无纺布、复合全遮光纸、尼龙纱等不同材料可实现不同的调光效果。更有一些进阶的结构:双色蜂巢(朝向室内和室外的面用两种不同的颜色或材质)、双层蜂巢(内外两层不同材质的蜂巢)、日夜蜂巢、双蜂巢甚至三蜂巢(多个蜂巢并置)。

上下合式风琴帘

风琴帘（无论是百褶帘还是蜂巢帘）因其材质及构造特性，除了普通的标准款还有一些非常有特色的款式，比如：上下合式和日夜式。

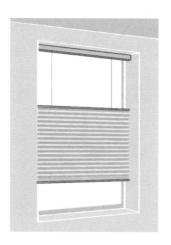

与常规的升降帘帘片只能从下往上收拢的效果不同，上下合式帘片的顶端没有固定在顶梁上，可从上往下收拢，并悬停在任意位置。这样就可以达到调节光线及遮蔽隐私的效果。

操控系统：循环拉绳/拉珠、双绳、绳棒一体、手动无绳、电动。

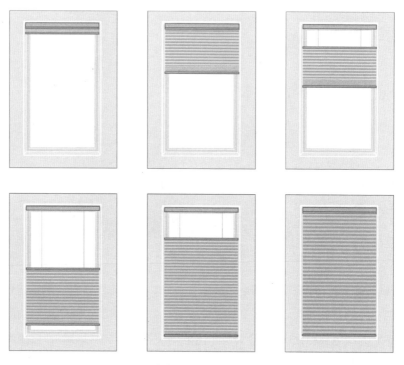

上下合式风琴帘的各种开合效果

日夜式风琴帘

在调控光线方面，比上下合式风琴帘更柔和，有更多层次变化的，就是大名鼎鼎的日夜式风琴帘。

日夜式风琴帘的帘身分为上下两种材质。一半的材质是透光的纱（通常在上部），另一半是遮光的无纺布。通过调节上下两种帘片的开合位置，实现更多的层次变化，以达到调控光线与遮蔽隐私的效果。

操控系统：循环拉绳/拉珠、双绳、绳棒一体、手动无绳、电动。

日夜式风琴帘的透光帘部分有两种形式：蜂巢型和百褶型。

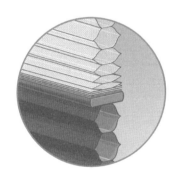

蜂巢型

百褶型

日夜式风琴帘的各种开合效果

边索款、边框款以及顶棚式风琴帘

　　风琴帘因其轻巧的特质也非常适合装在窗框内，有多种专门的窗上款。窗上款除了帘身整体厚度轻薄以外，一般都有特制的安装配件，比如边索和边框。有了这些配件，风琴帘可以很好地安装在一些特殊窗型上，比如内开内倒窗。而边框款风琴帘还能很好地避免大多数成品遮阳帘都有的两侧漏光的问题。

标准款　　　　　上下合式　　　　　日夜式

边索款

边框款

　　边框款风琴帘亦被普遍用在顶棚天窗上，边框还能弯弧以适应弧形天窗。操控方式可以手动（用拉杆），也可通过配置电动轨道升级为电动模式。

弧形顶棚风琴帘+手动操控　　　　　平板顶棚风琴帘+电动操控

当风琴帘遇到异形窗

　　风琴帘也是所有成品遮阳帘中最适合异形窗的一类产品。轻盈又结实的无纺布材料，可以非常方便地裁剪轮廓，加上风琴式自由伸缩的特性，使得风琴帘可以适应各种各样的异形窗造型。

　　除了能解决外观上的问题，在实用性方面，独特的上下合式以及扇形开合的方式，更让风琴帘不仅能够完美地填充各种异形窗，而且还能灵活开合使用。

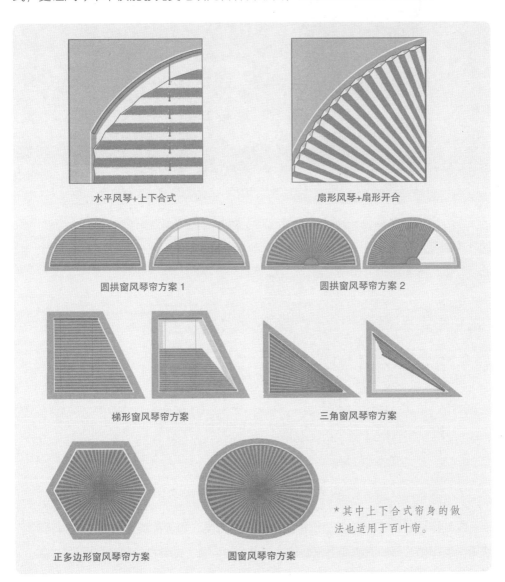

水平风琴+上下合式　　　　　　　　　扇形风琴+扇形开合

圆拱窗风琴帘方案 1　　　　　　　　　圆拱窗风琴帘方案 2

梯形窗风琴帘方案　　　　　　　　　三角窗风琴帘方案

正多边形窗风琴帘方案　　　圆窗风琴帘方案

＊其中上下合式帘身的做法也适用于百叶帘。

柔纱帘

柔纱帘的特征正如它的名字那样：一是"柔"，无论是帘片的质感还是调节的光线氛围都很柔；二是"纱"，无论是怎样的帘体结构，都有一层（或多层）透光的纱作为帘片的主要构成部分。

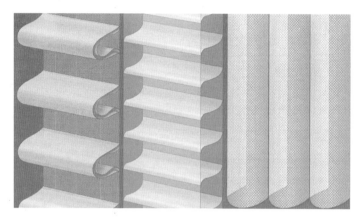

各种柔纱帘

柔纱帘也可以算是一种特殊的百叶帘。因为它们用来遮阳调光的核心构件也是百叶（通常是聚酯纤维无纺布质地），而连接这些百叶的，是外层柔美的透光纱。因此柔纱帘最早出现时也被人们称作"丝柔百叶"。

水平柔纱帘　　　　　　　　垂直柔纱帘

柔纱帘可分为水平柔纱帘和垂直柔纱帘两大类，每个品类之下都不断有新的款式被研发出来。它们的轨道系统都包含"开合"以及"翻转百叶叶片"两种功能。

水平柔纱帘

经典水平柔纱帘

　　经典水平柔纱帘是最早出现的柔纱帘款式，它还有个好听的俗称："香格里拉帘"。帘片由内外两层透光纱中间黏合一片片遮光无纺布百叶构成。它的升降开合用的是类似卷帘的卷轴系统。而当帘片完全展开后，还可以翻转无纺布百叶角度来调整光线和视野。

操控系统：循环拉绳/拉珠、绳棒一体、电动。

经典水平柔纱帘的开合与调光

1 向下拉动循环拉绳/拉珠（内侧那根），帘片向下展开，此时帘片为遮光状态。

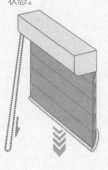

4 如要将帘片升起收拢，则向下拉动外侧拉绳。

2 继续向下拉动，直至帘片完全展开到底，此时帘片仍为遮光状态。

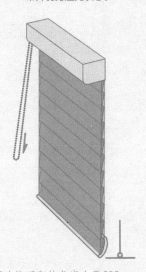

3 帘片完全拉到底后如继续向下拉绳，可使百叶翻转，变成透光状态。

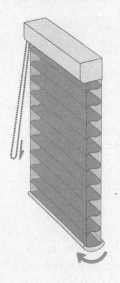

*受帘片结构限制，柔纱帘百叶的可翻转角度小于90°。

芭蕾式水平柔纱帘

芭蕾式水平柔纱帘是一款结构新颖巧妙的柔纱帘款式，它的遮光百叶卷起来的样子像芭蕾舞者立起的足尖。它的帘片分为两层：底层的透光纱和外层的遮光无纺布片。这款柔纱帘用的也是卷轴系统，升降时两层帘片贴合在一起，每片遮光无纺布片紧密闭合，这样的结构让它有着更好的遮光性。帘片完全展开后，可以拉伸暗藏的吊线使外层无纺布百叶拱起，从而变成透光状态。

操控系统：循环拉绳/拉珠、绳棒一体、电动。

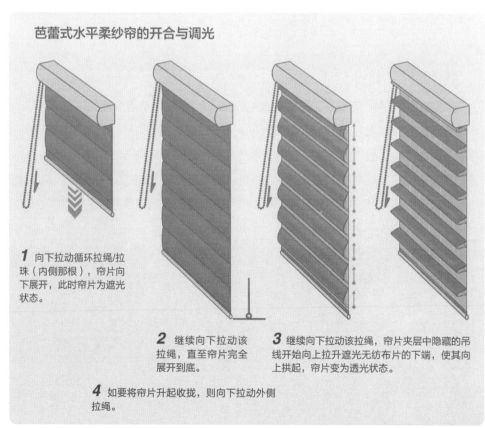

芭蕾式水平柔纱帘的开合与调光

1 向下拉动循环拉绳/拉珠（内侧那根），帘片向下展开，此时帘片为遮光状态。

2 继续向下拉动该拉绳，直至帘片完全展开到底。

3 继续向下拉动该拉绳，帘片夹层中隐藏的吊线开始向上拉升遮光无纺布片的下端，使其向上拱起，帘片变为透光状态。

4 如要将帘片升起收拢，则向下拉动外侧拉绳。

垂直柔纱帘

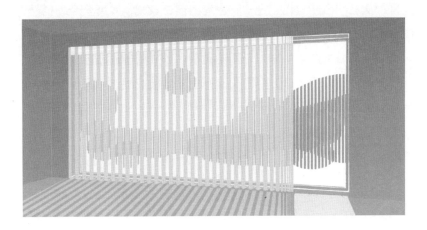

　　垂直柔纱帘有着跟垂直百叶帘相似的结构和相同的操控系统。其可调节角度的百叶是具有遮光性的无纺布叶片，连接这些百叶的是一层透光纱，这使得它们在外观上的整体感觉更有层次与质感，调节的光线与景致也都更柔美。

　　早期的垂直柔纱帘，其帘片是一体式的，透光纱同无纺布百叶片通过黏合、缝制、包裹等方式制成一幅整体的帘片。这样的生产工艺复杂，但质感高档、效果完美。因其造价高，一直属于成品遮阳帘中的高端奢侈商品。

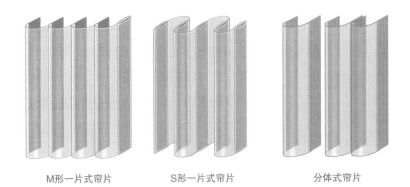

M形一片式帘片　　　　　S形一片式帘片　　　　　分体式帘片

　　近年来，人们研发出了造价低廉的分体式帘片的垂直柔纱帘款式，俗称"梦幻帘"。它是将一条条独立的半布半纱帘片（同斑马帘面料类似，是将遮光布与透光纱排列交织在一块面料上）顶端固定在一起，下摆则自由散开，效果已接近一体式款式。随着技术的进步，这样价廉物美的款式未来还有很大发展的空间。

罗马帘

罗马帘，从名字就能看出它是一种古老的窗帘款式，发展至今，仍然是最受欢迎的升降帘，并衍生出多种变化款式。

罗马帘的商品属性非常特殊：它们中有很多款式是普通布艺窗帘厂可以定制加工的，属于布艺窗帘商品范畴；同时又有一些款式被成品帘厂家标准化，变成了成品帘商品。而这些被成品化了的罗马帘就是我们这一部分要讲的内容。

成品帘厂家推出的罗马帘商品若让普通布艺窗帘厂生产会有难度。它们包括：特殊构造的罗马帘、特殊材料的罗马帘和特殊体量的罗马帘。

特殊构造的罗马帘

比如波浪帘（瀑布帘），用其特殊的双层结构和加工工艺，在经典梯式罗马帘的外观基础上，增加了帘身每段分档的波浪效果。除了基本的帘身折叠式升降开合，还可以增加上下开合的操控方式。

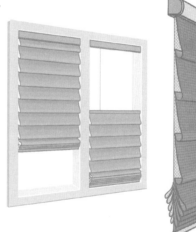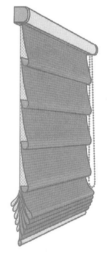

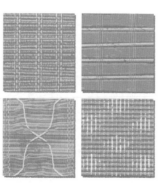

特殊材料的罗马帘

除了成品帘专用的聚酯乙烯复合纤维，还有竹草材质（天然或人造竹、麻、草等）也常用来制作罗马帘。

*竹草材质的升降帘也被称作竹草帘，有卷帘款和罗马帘款两种。

特殊体量的罗马帘

　　一些酒店、商务楼、公共场馆之类的大型空间的遮阳帘，需要更高要求的测量安装技术以及特殊的材料配件及加工工艺，所以不是普通的窗帘布艺加工单位能够做好的，而这类项目被称为"工程项目"。成品帘厂家会专门针对这类工程项目组织研发自己的产品，特殊体量的罗马帘是其中重要的一个品类。

屏风帘

屏风帘的帘片为整体平面一片，类似屏风，因此得名。常规平开式屏风帘的开合需利用顶部滑轨左右平移，所以也叫作"移帘"。屏风帘的帘片顶边由夹杆固定，通过滑轮悬挂在多槽滑轨上，通常帘片底部也有夹杆来增加垂重。

操控系统　一般通过手动或拉杆牵引的方式操控帘片左右移动，也可装配循环拉绳/拉珠或电动系统。

帘片材质　可根据各种表面效果及遮光度选择产品。所有卷帘材质都可通用，还可用一些特殊材质，如和纸、软玻璃、金属网，甚至3D打印材料。

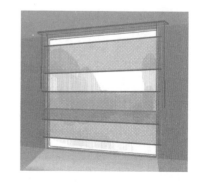

　*除了常规平开式，还有一类比较少见的升降式屏风帘（左图）。它们通常有两片或三片屏风帘片，由吊线悬挂在顶梁上，通过拉绳控制每片帘片的高度，以调节光线和视野，装饰效果独特。

顶棚帘

顶棚帘是对用于各种顶棚、天窗、阳光房等室内顶面位置的成品遮阳帘的总称。顶面遮阳产品比普通立面遮阳产品的专业度要求要高很多，所以有必要单独做个归纳。

帘身款式　前面介绍的很多成品帘的帘身都可以制作成顶棚款。民宅中用的最多的是材质轻盈、可塑性强、环保节能的风琴帘；大型公共空间则常用多幅联动的电动卷帘或罗马帘；还有一些金属或PVC材质的百叶帘也可定制成顶棚帘。

安装固定方式和开合操控系统
这是顶棚帘的技术难点。针对不同顶棚天窗的现场安装条件以及帘身款式，可以选择通过边框、边轨、吊索、卷轴等方式安装固定。

顶棚帘因安装位置高，操控方式的最优选择是电动（有多种电机模式），没有电动条件或更方便手动的窗才会选择手动模式。

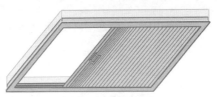

手动边框式风琴顶棚帘

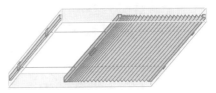

手动吊索式风琴顶棚帘

电动边轨风琴顶棚帘

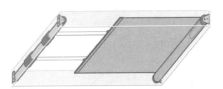

电动牵引式顶棚卷帘

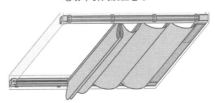

电动边轨折叠（罗马）顶棚帘

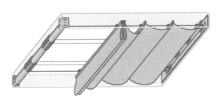

电动牵引式折叠（罗马）顶棚帘

成品遮阳窗饰

　　成品遮阳窗饰的概念并不是那么容易总结，通俗地说是那些不能简单归类于帘的专业遮阳产品。它们也都由专业厂家生产，其中有很多产品并不是普通窗帘店能向客户提供的常规商品，需要更多的专业技术服务。

　　它们既有用于室内的，也有用于户外的；既有立面遮阳产品，也有顶面遮阳产品；形式多样，每一款都特色鲜明。它们包括百叶窗、玻璃窗内置遮阳帘、防风卷帘、户外百叶、天幕帘、遮阳篷……

百叶窗

　　百叶窗又叫"百叶气窗"，历史悠久，在布艺窗帘、玻璃窗户普及以前，一直是最经典的西洋门窗款型。百叶叶片有固定式的，也有可调节角度的。

　　现作为遮阳窗饰的一种，主要安装于室内，在玻璃窗门内侧再加一层透气、遮阳的屏障，同时有助于营造传统风格的室内装饰氛围。也有安装于户外的，不过在材质上会比室内产品要求更高。

室内百叶窗产品的材质主要分为实木和仿实木（PVC材料）两种。百叶可以是固定式的，但更多的是可调节百叶，通过上下移动调节杆调整叶片角度。为防止变形，通常百叶的宽度不会很长，较宽的窗会做分段处理。

推拉开启

折叠开启

支撑开启

百叶窗的开启方式主要是推拉开启和折叠开启。此外，还有一种支撑开启的形式主要用于安装在室外的百叶窗。

异形百叶窗

百叶窗是成品窗饰中最具可塑性的，可以用来解决各种异形窗的难题。异形百叶窗的百叶长短不一，但大多可以制成整体联动的可调节式百叶。

玻璃窗内置遮阳帘

玻璃窗内置遮阳帘是一种将遮阳帘同玻璃窗合为一体的产品形式。遮阳帘内置于合金或塑钢窗户玻璃夹层中，帘子收拢时可隐于无形，升降及调光时操控便捷炫酷，外观极简时尚，还免于打理。

遮阳帘内置的方式有两种：一种是专业厂家在生产玻璃窗时直接将遮阳帘置于密封的玻璃夹层中。这属于"正宗产品"；第二种属于外挂产品，俗称"单玻遮阳帘"，是可以嵌套在成品玻璃窗窗框内的一层带单层玻璃和外框的遮阳帘产品。

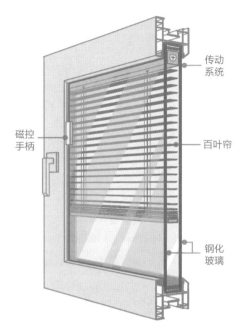

传动系统

磁控手柄

百叶帘

钢化玻璃

内置遮阳中空玻璃窗结构

外挂单玻璃带框遮阳帘

内置遮阳帘操控系统

磁控手柄　窗框外层的手柄（单手柄或双手柄）通过磁力联动玻璃夹层内的机械装置以操控帘子的升降与百叶的翻转。

外置绳控 / 杆控　在窗框或玻璃上打孔将操控拉绳/拉杆外置。

电动系统　内置微型电机。电源可采用有线款（需布线）或者无线（电池）款。

玻璃窗内置卷帘　　　　　玻璃窗内置百叶帘　　　　　玻璃窗内置风琴帘
（循环拉绳款）　　　　　　（双磁控手柄款）　　　　　（单磁控手柄款）

　　玻璃窗内置遮阳产品，除了目前最为人熟知的内置百叶帘，还有内置卷帘和内置风琴帘。而随着现代建筑业工艺技术的不断进步，这种具有未来感的复合式遮阳产品，一定会蓬勃发展。

防风卷帘

　　防风卷帘是近年来兴起的一种新型遮阳产品。它的形态属于卷帘，功能仍是遮光及遮隐。之所以称为防风卷帘，是因为它们大都安装在露台、门廊、凉亭之类的户外位置，并用边轨或边索来帮助固定帘身，使其有别于普通卷帘，不会被风吹动。

　　防风卷帘帘身选用更加坚固耐用的复合纤维材质，可定制较大尺寸的以满足户外使用需求，也可用于室内。操控系统以电动为主。

户外百叶

户外百叶是诸多户外遮阳产品中常见的一种，被广泛应用于建筑的立面遮阳以及顶面遮阳体系中。它们形态变化丰富：有水平百叶，也有垂直百叶；有固定式百叶，也有可调节百叶；有百叶窗、百叶门，还有百叶屏风、百叶顶棚，甚至还有大型的百叶幕墙。

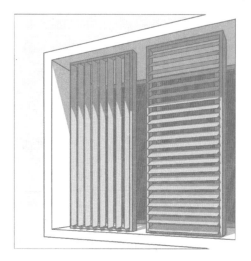

户外遮阳百叶屏风

户外遮阳百叶天窗

材质　各种防锈合金金属、防腐木、PVC材料、玻璃。

操控系统　以电动为主，可配智能调光系统（光感应器根据日晒强度自动联动机械装置调节百叶角度）达到真正的智能遮阳的效果。

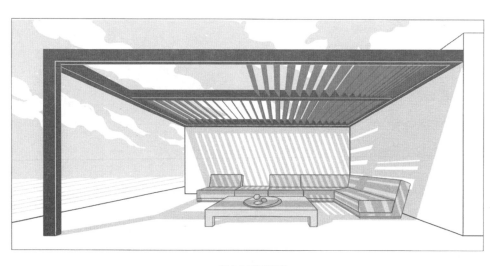

铝合金百叶凉亭

天幕帘

安装在室内的顶部遮阳帘被称为"天棚帘"，安装在户外（玻璃窗以外）的顶部遮阳帘被统称为"天幕帘"。

天幕帘的帘身，材质上选用适合户外环境的防水防晒面料或者铝合金。结构上普遍采用类似卷帘门的带边轨卷帘系统。其中铝合金天幕帘还可以做弧形造型。

操控系统　以电动为主，可结合太阳能供电系统。

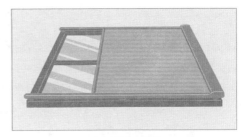

防水面料天幕帘

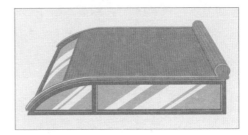

铝合金天幕帘

遮阳篷

遮阳篷是历史悠久的户外遮阳产品。从固定式到折叠开合式，再到电动屈臂伸缩式，每一款精美的遮阳篷造型都能赋予建筑外观以典雅浪漫的气质。

遮阳篷通常侧装于墙面，篷布材质采用户外专用防水防晒面料或PVC材料。

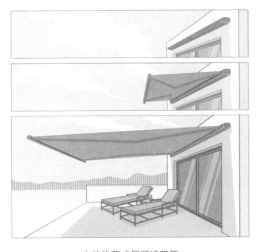

电动隐藏式屈臂遮阳篷

传统遮阳篷款式

成品装饰帘

成品装饰帘指主要用途是装饰而不是遮阳的一些特殊的帘类商品，它们都由专门的工厂或作坊生产，通常以成品方式售卖，因此也归类为成品帘。

这些帘子的品种多且杂，在分类上又是一个难题。如果按照制作工艺和材质大致可分为：线绳帘、串珠帘、编织帘、布艺帘、金属帘。它们大都安装在大门、户内门洞、隔断、厨卫小窗以及开放式柜架这些位置，所以也可被称为：门帘、隔断帘、柜帘。另外还有一种叫作"半帘"的，是根据帘片短小的形态命名的。

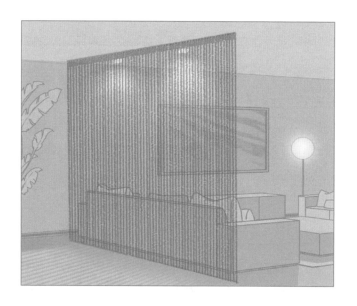

线帘

线帘又叫"线绳帘"，是指将各种线绳排列好自然垂挂而成的装饰帘片。其中最知名的是流苏帘，用很多根单色（有时是多色或混织了亮丝、加了其他饰物）的绳线制成。顶部织为一体便于安装悬挂（挂钩或魔术贴）。成品流苏帘一般都有固定的长宽规格，按片售卖。

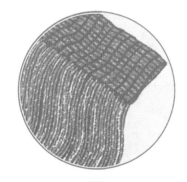

流苏帘

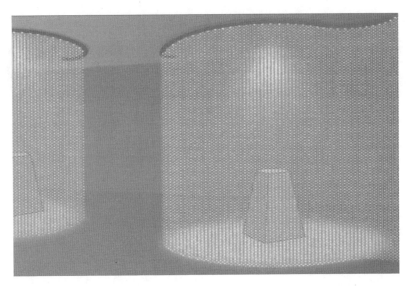

金属帘

金属帘是指用铝合金、不锈钢等金属丝编结成链或网制成的装饰帘。金属帘的链/网款式及表面涂装效果丰富，常被用在公共空间作为隔断装饰。它们的安装方式一般为用金属挂钩悬挂在经过承重加固处理的轨道或杆子上。

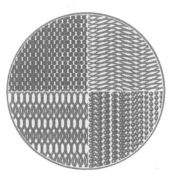

各种金属链/网款式

编织帘

编织帘是将线绳（通常选用质地古朴的棉、麻、毛线绳）通过手工或机械的方式编织而成的装饰帘片。

编织帘的款式样式丰富，还可添加染色、串珠等工艺效果。常被用作门帘、隔断、小窗帘、柜帘，以及壁挂装饰。其安装一般选用与之风格相配的窗帘杆或房挂钩，采用穿杆或吊带方式悬挂。

125

串珠帘

串珠帘简称"珠帘",是一种历史悠久、款式繁多的装饰帘类型。通过手工或机械的方式用细线/绳将各种珠状物穿成一串,多根串珠排列形成帘。珠帘具有"可通过性"的特征,是人类历史上最早的门帘形式。原始功能除了装饰以外主要用于防飞虫。

串珠的材料多种多样,有水晶、玻璃、木、竹、石、纸、布、贝壳、金属、塑料以及其他人造材质。

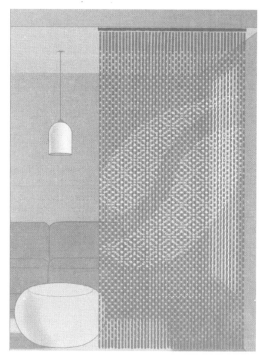

木珠帘

水晶珠帘(天然或仿水晶)最为经典。此外,木珠帘(实木/竹节或仿制材质)是很多国家和地区用来做门帘的传统款式,贝壳珠帘则是很多沿海地区的常见工艺品。未来,随着各种新型材质的出现及3D打印技术的发展,一定会有越来越多奇妙的珠帘款式。

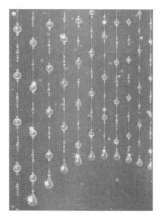

水晶珠帘

贝母珠帘

纸卷珠帘

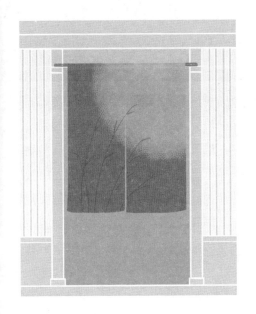

半帘

半帘，顾名思义是只遮一半的帘，是对帘身短小、不完全遮蔽窗或门的装饰帘的一种俗称。最知名的半帘是被称为"暖帘"的日式门帘。它源于日本传统商铺的门头招幌，现也被很多古风爱好者用于门洞、隔断的装饰。它们由两片或多片布片穿杆或吊带悬挂而成。面料需专门定制，风格古朴，多为粗棉麻质地配以手工印染、刺绣等工艺。

咖啡帘

咖啡帘是另一种半帘的俗称，它们源自西洋传统风格的厨房餐厅。短小而精致的棉麻布或蕾丝纱帘片遮挡住窗户的上端或下半部，遮蔽隐私的同时为这个"咖啡空间"增加了浪漫氛围。咖啡帘和暖帘一样通常是由专门的面料制成，不过设计师也可以自己设计定制。

挂钩式布艺定制咖啡帘

穿杆式蕾丝咖啡帘

第 4 章
面料之美

装饰面料

窗帘面料隶属于装饰面料，装饰面料主要包含窗帘布和家具布。其中有不少面料兼顾家具布的牢固性能以及窗帘布的柔美垂感，属于多用途面料。通常在每一块面料的商品标签上可以看到其具体用途属性（使用建议）。

不同品牌的装饰面料商品标签会有不同的信息呈现方式，但核心内容大同小异，商品型号、成分、门幅、洗涤方式、使用建议这些关键信息是必不可少的。

装饰面料的商品标签信息

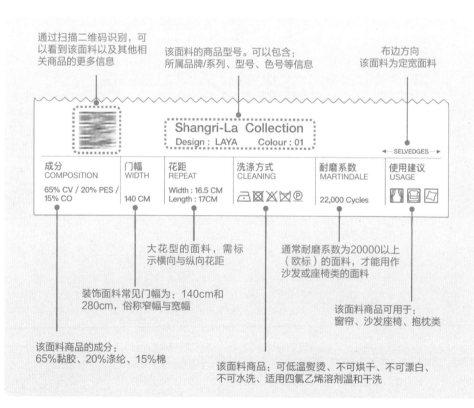

*除了以上这些常用的信息参数，有些装饰面料还会增加一些其他的信息参数和特别备注，如克重、阻燃/防火等级、遮光指数、环保认证等。

装饰面料常见纤维成分的符号 / 简写

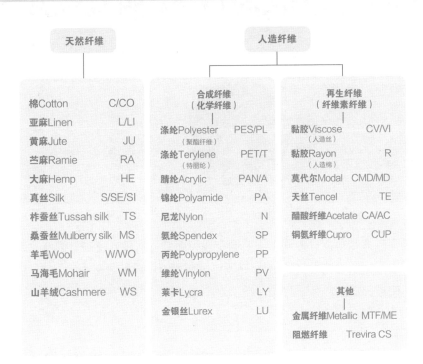

*本表中的部分简写为常见进口面料中的写法，为了方便读者在实际工作中辨识，本书也归纳后在此列出。国内生产面料的符号也可参照 GB/T 4146.1—2020。

装饰面料常见洗涤标识

窗帘面料的分类

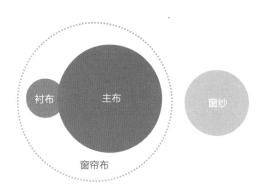

窗帘面料大致可以分为两大类：窗帘布和窗纱。另外，还有些面料的通透性介于布和纱之间，俗称"半布半纱"。它既可以作为窗纱来配合主（布）帘，也可以单独作为主帘存在。

窗帘布的面料也可以分成两类：一类是适合做窗帘"面布"的主布面料，另一种是适合做"里布"的衬布面料。

主布面料是窗帘店的核心产品，内容丰富、品种众多。衬布面料相对简单得多，行业内有不少专门的衬布产品，许多窗帘商家或工厂都会常备一些好用百搭的衬布面料，有些品牌还会定制专属衬布并印上标识（logo）。衬布面料中还有一类自带遮光功能的产品，俗称"遮光布"。不同的商家会对其遮光布产品的遮光级别有不同的定义，以满足客户对窗帘遮光性的各种需求。

关于窗帘是否要加衬布？

传统的高档布艺窗帘一定是有衬布的，可增加帘片的厚重感、垂感以及遮光度。跟高级时装一样，加衬布是彰显设计及工艺水准的标配。很多高档的款式设计甚至会直接选择主布面料来做衬布，以提升整个窗帘的品质效果。而在低端市场，大多数布艺窗帘只有一层主布，没有衬布，甚至直接拿遮光布来当主布。

窗纱的品种也很丰富，有各种织造及装饰工艺。但最为常用的还是那些垂感好的米白色系素纱，也有很多品牌会推出与主布面料花型、色系相配套的窗纱产品。

窗帘面料商品分类信息数据库

窗帘面料商品的各项信息内容庞大而复杂。清晰而专业的分类方法，无论是对传统窗帘店的面料商品管理，还是对线上窗帘店的产品数据库建设都非常重要。

行业内很多大品牌都有自己的面料商品分类信息数据库，对于面料商品数据分类，有各自不同的维度和细分标签。但总结下来，常用的分类标签有：色彩、品牌、用途、纹样、材质感、功能性、工艺、门幅、价格带。

窗帘面料常用的分类标签 ⌕

色彩	品牌	用途	纹样	材质感	功能性	工艺	门幅	价格带
白	A...	窗帘布	平纹	棉	阻燃	色织	定宽 ≈140cm	1 ~ 30 元 /m
沙	B...	窗纱	点阵纹	麻	纱线阻燃	染色	定宽 ≈280cm	31 ~ 60 元 /m
黄	C...	衬布	格纹	丝绵	防污	提花	定高 ≈280cm	61 ~ 100 元 /m
绿	D...		人字纹	真丝	遮光	绣花		101 ~ 150 元 /m
青	E...		条纹	毛	隔音	印花		151 ~ 200 元 /m
蓝	F...		条花纹	绒	健康	压花		201 ~ 300 元 /m
粉			花卉植物	雪尼尔	环保	烫金		301 ~ 500 元 /m
红			动物昆虫	仿皮	单向透视	烂花植绒		501 ~ 800 元 /m
橙			自然肌理	麂皮绒	户外专用	磨绒		801 ~ 1200 元 /m
紫			几何图形	化纤		激光雕刻		1201 ~ 2000 元 /m
咖			装饰图案	混纺		经编		2001 ~ 3000 元 /m
黑			抽象图形			绗缝		3001 ~ 5000 元 /m
灰			大马士革纹			复合		>5000 元 /m
银			佩兹利纹					
金			莫里斯纹					
			伊卡纹					
			团花纹					
			卷草纹					
			折枝纹					
			朱伊纹					

对于窗帘设计新手来说，搞懂这些信息数据的分类方法以及具体内容，是学习窗帘面料专业知识的必经之路；对于窗帘企业来说，只有以上这些分类工作都做到位了，面料商品管理的工作才能做好。

关于窗帘面料商品分类信息的一些说明

色彩 这是做设计选品时最常用的切入点。用色彩对面料商品进行分类最直观的方法是使用色块图标。如果用文字描述的话，最基础的是有彩色系，其中除了红、橙、黄、绿、青、蓝、紫以外，咖色系是装饰面料中占比非常大的一类（从浅咖到深咖，就是人们常说的大地色调。本书中把浅咖概括为沙色，意为接近沙土的颜色，又名卡其色）。另外，再加上无彩色系的黑、白、灰、金、银，基本就可涵盖所有面料的颜色了。

如果一块面料上有多种颜色，那就选其最主要的色彩倾向来进行归类，如果它的主要色彩也明显分为几种，那这块面料就应同时标上这几种颜色标签。

纹样 面料表面的图案纹理都属于纹样，这是最为丰富的一类内容，详情参见"面料纹样"部分。这里要注意的是：很多面料的纹样构成是多元的，可以同时归属于好几个纹样分类。

材质感 注意材质感不是指面料的实际材质成分。就像我们说一块面料是棉质感的，其实它的成分有可能是纯棉的，也有可能是棉跟化纤混纺的，甚至有可能是纯化纤的。现今的纺织技术基本已经可以用化纤仿制出各种天然材质的外观及手感了。所以像这样不深究其真实材质成分，而以表面的材质感来做分类的方式，更加实用。因为大多数的设计还是从表面效果出发的。

功能性 随着纺织科技的进步，出现了越来越多更具环保性以及其他特殊功能的面料，这类的标签便于我们更精准地查找这些面料，以满足客户在这方面的需求。

工艺 这里主要指的是面料的织造、显花及装饰工艺。这个门类的专业知识庞大而精深，能专门写一本书了。这里的分类标签结合现实做了一些简化和折中，比如除了印花、绣花、提花三大显花工艺之外，将本应属于印花大类的压花、烫金等单独成例，以便于对某些面料进行更细致精准的分类。当然，有些面料的工艺也是多元的，可以同时归属于不同的分类标签中。

门幅 装饰面料的常规门幅一般分为两类：窄幅和宽幅。窄幅面料的幅宽一般在130～145cm之间，宽幅则在280～300cm之间。面料是定宽还是定高，要结合面料上纹样花型的方向来确定。比如：一款面料上整幅花型的高度是固定的，而宽度上可以不断重复延续，那这块面料就是定高面料，反之，则是定宽面料。

价格带　面料商品必须根据具体的价格带来管理，无论是对经营者还是对消费者来说，能在合适的价格带中找到合适的商品，都是最开心的一件事了。

最后，要说说关于风格

细心的你可能已经发现，为什么在这些分类中缺少了风格这一项？这个似乎是人们日常设计选品工作中很需要的一类分类诉求。这个想法没错，但是很遗憾，这个分类很难。我们可以看到在那些行业顶级品牌官网上的面料产品搜索引擎中也没有关于风格的专项分类。

造成这种情况可能有以下几个原因。
- 很多风格的定义具有模糊性，很难进行分类。
- 大多数的面料没有确切的风格属性。
- 很多设计师并不喜欢在设计创作上受到某种既定风格的限制。

很多单色面料可以用在各种所谓的风格里，比如真丝质感类的面料，古今中外各种风格大都能适用。而花型面料，比如大马士革纹、佩兹利纹这样的经典纹样一样可以适用于东西方不同时期的多种风格。更不要说现代设计中很多反传统的设计手法，对于一款面料的具体运用可以完全不受限于其花型本身。除非你是一定要还原某一具体时期和地域的原始风貌，像纪实风格的影视剧的布景道具一样，那么就需要仔细研究那个时期所有物品的型、色、质了。

面料纹样

纹样的基本构成

面料表面的纺织纹理以及装饰图案（行业内称为"花型"）统称为纹样。几乎每一幅纹样画面，都是由一个基础的花型单元经过四方连续重复而构成的。每个花型单元的内容千变万化，可从具象到写意到抽象，其基本元素可以是纯粹的点状、线状、块面，也可以是复杂的图形组合。

花型单元四方连续最基本的构图形式分为正交式和交错式。

一个以鸢尾纹为主要元素的
图形单元

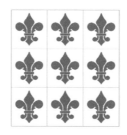

正交式四方连续

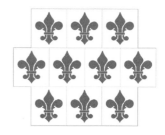

交错式四方连续

很多花型单元的基本图形元素是由主花和辅花复合而成的。

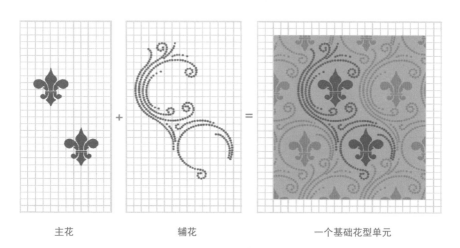

主花 　　　　　　　辅花 　　　　　　　一个基础花型单元

在面料上找出花型单元并不总是件容易的事，但比这更难的是找花位。

花位与花距

有花型的装饰面料，在使用过程中（包家具也好，做窗帘也好）都需要考虑是否要"对花"的问题，即裁剪、拼接、缝制面料时是否要保持面料上图案位置的完美性以及图形的完整性。这里需要了解的重要参数就是花位与花距。如下图所示，右图中颜色较深的部分为一个基础花位单元，W 为横向花距，L 为纵向花距。

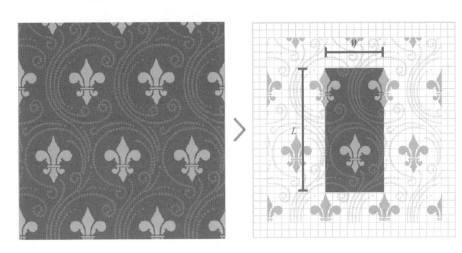

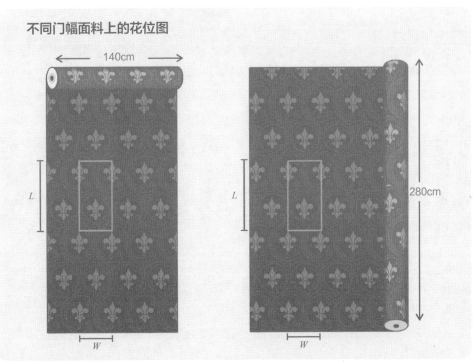

不同门幅面料上的花位图

面料经典纹样

人类历史上创造了大量经典的装饰纹样，内容包罗万象，依据其特征有如下几种。

以构图形式来命名的：条纹、格纹、点阵纹、条花纹等。

以形象特征来命名的：人字纹、卷草纹、回形纹等。

以植物动物命名的：鸢尾纹、忍冬纹、莨苕纹、豹纹、斑马纹等。

以起源地命名的：佩兹利纹、大马士革纹、苏格兰格纹、朱伊纹等。

以文化时期命名的：新艺术纹、装饰艺术纹、欧普艺术纹等。

以人名命名的：莫里斯纹、詹姆士一世纹等。

现今的面料图案设计复杂而多元，有的一块面料上会汇集多种纹样形式或元素。

点阵纹
polka dot
由各种点或点状元素以阵列方式排列。

散点纹
glitter
各种点或点状元素以貌似随机的方式排列。

锯齿纹
chevron
也被称作"之字纹""V字纹"或"山形纹"。如基本线条为弧线，则称为"波浪纹"。

人字纹
herringbone
常见于厚质梭织面料中的一种经典表面纹理，形似汉字"人"而得名。在西方也叫"鱼骨纹"。

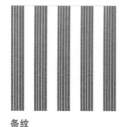

条纹
stripe
最常见的面料纹样形式。包含横、竖、斜不同方向，以及各种粗细、疏密、子母、阴阳、渐变等形态。

格纹
gingham
源自色织面料经纬色纱交织后形成的最基础格纹，也被用于田园风格印花面料。

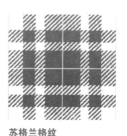

苏格兰格纹
tartan
源自苏格兰高地传统服饰方格花呢的经典色织格纹。

多色菱格纹
argyle
苏格兰格纹中特殊的一种。

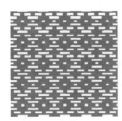

鸟眼纹

bird's eye

原是梭织面料中一种经典的表面纹理，也被称作"钻石纹"。

回形纹

fret

由曲折往复循环的线条构成的经典装饰纹样，有多种变体，亦被称作"希腊钥匙纹""万字纹""工字纹"。

千鸟格

houndstooth

源自苏格兰低地羊毛粗花呢图案，曾被叫作"犬牙纹""鸡爪纹"。

摩洛哥格纹

moroccan tile

源自摩洛哥传统建筑中盛行的小菱形装饰，也被称为"四叶草纹"。

渥奇纹

ogee

连续的S形双曲线，基础元素源自西方古典建筑中的拱形。

编织纹

basket weave

源自网篮编织。有多种变体，多用于家具面料。

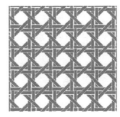

竹编纹

caning

源自竹片编织。包含多种变体，多用于东方风格。

格栅纹

trellis

源自木格栅。包含多种变体，各种东方古典窗棂造型亦可归于此类。

鱼鳞纹

scale

源自鱼鳞造型的一种纹样。如增加波纹细节亦可衍生为东方传统云水纹。

忍冬纹

anthemion

在诸多古代文明中都出现过的一种局部装饰纹样。该纹样源自忍冬植物造型，亦有说法源自荷花、棕榈。

莨苕纹

acanthuse

西方古典风格纹样中最经典的卷叶形象，源自植物莨苕叶片的造型，最早出现在古罗马科林斯柱头。

鸢尾纹

fleur de lis

欧洲古代皇室纹章，形象源自鸢尾花。另有说法其造型源自百合花、战矛、蜜蜂。

卷草纹
floral scrolls

涡卷形的藤蔓或枝叶造型，在中东地区被称为"阿拉伯卷草"，因盛行于唐代，也被称为"唐草纹"。

佩兹利纹
paisley

源自克什米尔羊绒披肩上的神秘涡旋图案，后却因苏格兰纺织重镇Paisley闻名，也被称为"腰果花纹""茄子花纹"。

大马士革纹
damask

大马士革的地名原为古英语中"丝缎"之意，是古代丝绸之路上的重镇，可理解为古老东方丝绸锦缎上的菱形构图纹样。

曼陀罗纹
mandala

又叫"彼岸花""往生花"。源自佛教、印度教等东方宗教的神秘图形。

条花纹
loral stripe

花饰图案以条状结构排列，是古典纹样中常见的一种构图手法。

缠枝纹
helix

画面主体为S形延续的枝干或藤蔓，其他图形元素围绕分布于周边。

詹姆士一世纹
jacobean

源自17世纪，英国詹姆士一世时期盛行的刺绣花卉风格，多以生命树、缠枝花果为主题。

朱伊纹
toile de jouy

源自18世纪晚期，法国印花之乡Jouy镇出品的精美风情画印花图案，又被称为"铜版画纹样""风情画纹样"。

古典花卉纹
vintage floral

是从19世纪流行至今，画风细腻、配色丰富的大花卉主题纹样。多以簇花、团花、折枝形态出现。

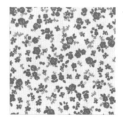

小碎花纹
ditsy

细碎的小花，以满底的形式构图，多用于田园风格装饰。

中国风纹
chinoiserie

18世纪起盛行于西方的中国传统花鸟、山水、人物画纹样。多为独花构图形式。

莫里斯纹
william morris

由现代设计之父、英国工艺美术运动领袖——威廉·莫里斯设计绘制的经典装饰纹样。

新艺术运动纹
art nouveau
20世纪初，新艺术运动
时期，以充满生机的植物
线条为主要特征的装饰纹
样类型。

装饰艺术纹
art deco
20世纪上半叶装饰艺术
风格时期的纹样类型。多
以简约几何线条构成，有
对称及辐射结构。

欧普艺术纹
op art
20世纪60年代欧普（光
效应）艺术风格纹样。用
强对比的条纹或色块参差
渐变排列后令人产生幻视
效果的图案。

复古风纹
retro
这里的复古纹指的是复刻
20世纪中下叶流行的造
型简约、构图精巧、配色
浑厚的装饰图案的纹样
类型。

热带风情纹
tropical
热带地区（尤其是岛
屿）盛行的以当地动植
物形态为主题的纹样，
通常构图大气奔放、色彩
明快艳丽。

阿兹特克纹
aztec
墨西哥古代阿兹特克文
明所遗留下来的神秘图
腾。多以菱形、三角形
构成核心图案，有阶梯
状边缘轮廓，对比分明。

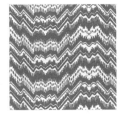

火焰纹
flame stitch
源自一种复杂的刺绣装
饰针法，是之字纹的一
种狂野变形，配以细密
的多色渐变形成似火焰
的效果。

伊卡纹
ikat
印尼传统纱线扎染技术
所形成的纹样。最大的
特点是图案古朴粗犷，
但轮廓细节有丰富多变
的扎染纹理。

抽象主义纹
abstract
抽象艺术风格的纹样。

自然肌理纹
natural texture
模拟各种自然界中的原
生肌理。如木纹、石
纹、泥点、水迹、锈
迹、金属等的纹样。

兽纹
animal print
模拟各种动物皮毛的图
案。如豹纹、虎纹、斑
马纹、奶牛纹、蟒纹、
鳄鱼纹。

几何图案纹
geometric
由各种几何图形或线条
构成的现代风格的图案
纹样。

纺织纤维的分类

纺织纤维分为天然纤维和人造纤维。

天然纤维　是指从植物、动物以及矿物上直接取得的纺织纤维。

人造纤维　是人们受"蚕吐丝"的启发，将各种原材料熔融或用化学方法溶解成黏稠的高分子溶液，再通过喷丝头挤出细而长的纤维丝线。

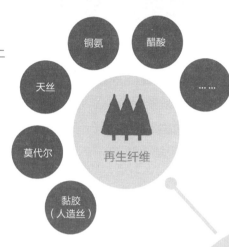

人造纤维按原材料属性可分为：再生纤维、合成纤维、无机纤维。其中再生纤维和合成纤维是装饰面料领域的主流面料成分。无机纤维常被用于制作一些特种功能的面料。

*在古代，石棉曾被用来制作绳索、布帛等，现代则多用于建筑材料中。2012年，石棉被世卫组织认定为1类致癌物，逐步被禁止使用。

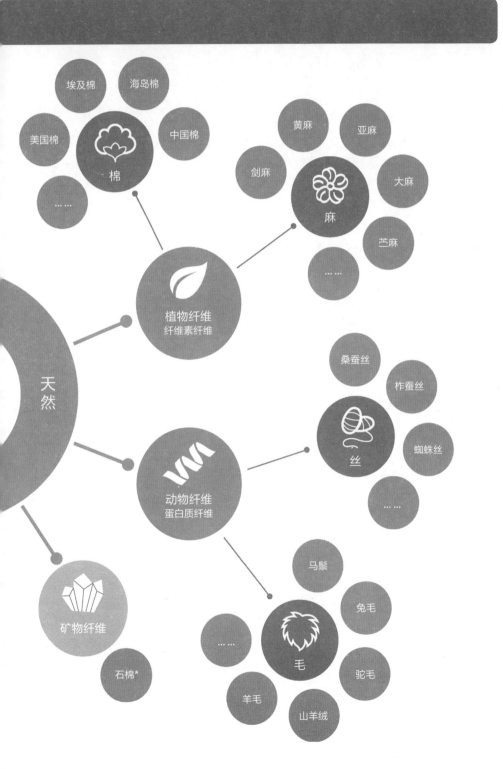

埃及棉　海岛棉

美国棉　棉　中国棉

…　…

黄麻　亚麻

剑麻　麻　大麻

芒麻

…　…

植物纤维
纤维素纤维

桑蚕丝

柞蚕丝

丝

蜘蛛丝

…　…

天然

动物纤维
蛋白质纤维

马鬃

兔毛

…　…　毛　驼毛

矿物纤维

石棉*

羊毛　山羊绒

装饰面料常用纺织纤维的特性

天然纤维

植物纤维　是天然的纤维素纤维。它们来自植物的种子（棉花、木棉花）、叶片（剑麻、焦麻）、韧皮（亚麻、黄麻、大麻、苎麻、竹）、果壳（椰壳）等部位。

动物纤维　是天然蛋白质纤维。包括各种动物毛发（羊毛、山羊绒、兔毛、驼毛、马鬃），以及昆虫腺分泌物（桑蚕丝、柞蚕丝）。

人造纤维

再生纤维　是用天然纤维素（木材、芦苇、棉花）或蛋白质（大豆、牛奶）为原料制成的较为环保的人造纤维。装饰面料中应用最广的再生纤维是黏胶纤维，根据其纤维的形态分别可以制成人造丝（黏胶长丝）或人造棉（黏胶短丝）。装饰面料中常见的雪尼尔纱线的主要成分就是人造棉。黏胶纤维产品在不断升级，如莫代尔、

常见纺织纤维特性表

	棉	麻	丝	毛
手感	★★★	★	★★★	★★
吸湿性	★★	★★★	★★★	★★★
抗霉性	★	★★	★★★	★★
抗紫外线	★★	★★★	★	★★★
耐磨性	★★	★★	★★	★★
抗起球	★★★	★★★	★★★	★★
回弹性	★	★	★★	★★★
电导率	★	★	★★	★★
最大熨烫温度	200℃	230℃	150℃	150℃

天丝等更高品质的纤维产品多用于服装面料。

合成纤维　又叫化学纤维，俗称化纤，是用石化产品中的聚合物制成，品种众多、特性各异。尼龙（锦纶）是最早被发明的合成纤维；腈纶因其性能非常接近羊毛，而被称为人造羊毛；类似的还有维纶，因其性能接近棉，而被称为合成棉花；丙纶纤维最轻；莱卡（氨纶）最具弹性；芳纶纤维有超高的强度而被用来做防弹衣。而所有合成纤维中，涤纶（聚酯纤维）因其卓越的综合性能和性价比，在民用面料领域被应用得最多。

人造纤维优缺点

优点　更耐用、更易用（易洗快干）、更抗皱，更易结合不同的染料，功能性（拉伸力、塑形性、防水、防污、防霉、防蛀、抗腐蚀）更强，生产成本更低。

缺点　吸水性差，易受热力损坏，亲肤性差、易产生静电，不可自然分解。

	黏胶	腈纶	尼龙	醋酸
	★★★	★★	★	★★★
	★★★	★	★	★★
★	★★	★★★	★★★	★★★
★	★★	★★	★	★★★
★	★★	★★	★★★	★
	★★★	★★	★	★★★
★	★	★★★	★★★	★★
★	★	★★★	★★★	★★
℃	180℃	150℃	180℃	160℃

一块布料的诞生

所谓纺织，是"纺"和"织"的合称。"纺"是指纺纱，"织"是指织布。纺纱是将各种纤维原料纺成纱线，织布是将各种纱线织成布。

从一朵棉花到一块棉布，大大小小的生产工序几十道。但概括来说就是：先将棉花纺成棉纱，然后把棉纱织成棉布。

原材料

1 将各种天然或人造的基础原材料制成纺织纤维

纺织纤维

开清→混合→粗梳→精梳→拼条→粗纱→细纱→后加工 | 纺纱

2 用纺纱设备将纺织纤维纺成各种纱线

纱线

纯纺纱/混纺纱
精纺纱/粗纺纱/废纺纱
单纱/股线/单丝/变形纱/花式纱线

梭织—素织/色织/提花
针织—经编/纬编 | 织布

3 用织布设备将纱线织造成各种基础布料（坯布）

坯布

梭织布/针织布
色织布/提花布/绒布/纱

染色/磨绒/印花/轧花/绣花 | 装饰 | 后整理

定型/增光/剪毛/柔软/抗皱
抗静电/抗菌/阻燃/防污/防水 | 功能 | 后整理

4 在坯布上做各种提升外观效果或增加功能性的处理，最终制成成品布

成品布

纺纱

纺纱简史

最早的纺纱工具是纺锤，也叫纺专。将一根小木棒或小骨棒的一端穿套在中心有孔的石制或陶制纺轮上，另一端处理成钩，把羊毛、棉絮或麻固定其上，吊起纺锤，使纺轮旋转，继而纺制成纱线。这种古老的方式原始而简单，流传至今仍有很多家庭作坊用此来纺纱、纺线。

用纺锤纺纱线

中国汉代画像石上的手摇纺车

纺车的出现大幅提升了纺纱的效率和质量。不同的文明都有关于古纺车的记载，它曾是人类社会最重要的生产机器之一。纺车最初的形式普遍为手摇式或脚踏式，主要构件有绳轮、摇柄、锭杆、支架、底座等。

早期的纺车一次只能纺一根纱线（1 个锭子），生产效率低下。随着人们对更高生产力的追求，陆续出现了可纺更多锭子的纺车，但都还属于主要依靠人力的机器。直到 14 世纪初，中国出现了用水力驱动，可以同时纺 32 个纱锭的水转大纺车。

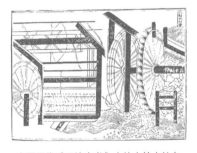

中国元代《王祯农书》中的水转大纺车

18世纪珍妮纺纱机（改良版）

四百多年后的1765年，英国织工詹姆斯·哈格里夫斯发明著名的手摇式珍妮纺纱机，几经改良后可以同时纺80个纱锭。1769年，英国钟表匠理查德·阿克莱特发明了水力纺纱机。

　　纺纱生产力的飞跃式升级推动了大规模织布厂的兴建，并由此拉开了第一次工业革命的序幕。

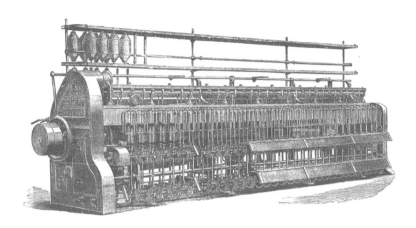

1885年的一台棉纺粗纱机

　　纺织业推动了伟大的工业革命，人类进入了现代文明。轰轰烈烈的工业革命也让纺织业迅速成为世界第一大工业。随后的一百多年，技术突飞猛进，而各种新型的纺纱机器设备与生产工艺也不断涌现。

　　现今的纺纱行业，设备先进、系统完善。针对各种原材料的纺纱工艺（棉纺、混纺、毛纺、绢纺、麻纺）、流程及设备全面升级。纱线的品种、质量以及产能都已今非昔比。

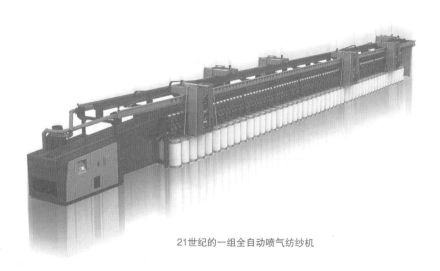

21世纪的一组全自动喷气纺纱机

　　进入21世纪后，纺纱工业完成了机械化向数字化的智能化升级。一些拥有先进数字化生产管理系统的纺纱企业甚至已达成了万锭纱线平均用工数少于10人的惊人水平。

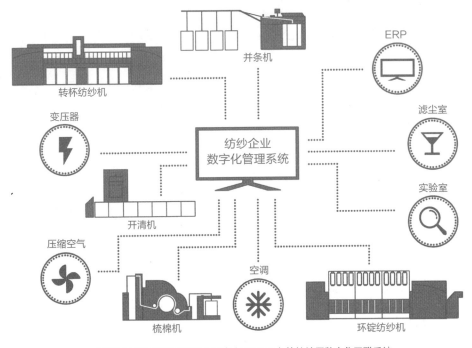

世界纺纱设备权威品牌瑞士立达（REITER）的纺纱厂数字化互联系统

织布

布的分类

面料俗称布，根据实际用途可分为：服装面料、装饰面料以及产业面料。根据生产属性可以分为：有纺布和无纺布两种。其中有纺布根据其织造工艺不同又可分为两大类：梭织布和针织布。无纺布又叫"非织造布"，顾名思义就是用非传统纺织技术制作出来的布。

如何区分无纺布、梭织布和针织布？

无纺布

无纺布表面结构

- 是将各种纤维原料用高压、熔喷、黏合等非纺织技术制成的布。制作工艺有些类似造纸工艺，但也不限于此。它的表面纤维通常杂乱无章或者有机械烫压的纹理。
- 无纺布常用于服装、家纺的辅料或其他功能性用途。窗帘上常用的无纺布有帘头衬带及黏合衬。

梭织布

梭织面料表面结构

- 梭织布又被称为"机织布"，是由经纬纱线相互垂直交织而形成的织物。纵向为经纱，横向为纬纱。当经纬纱的材质、支数、密度，以及交织规律和后整理方式不同时，梭织布的外观风格就会千变万化。
- 梭织布结构稳定、布面平整、便于裁剪加工、质地紧实耐用，是应用最广泛的织物类型。窗帘布中绝大多数都是梭织面料。

针织布

针织面料表面结构

- 针织布的生产原理是用织针将纱线钩成互相串套的线圈而形成的面料。就好像是用棒针织毛衣或者用钩针编花边，是用一根或多根线编成一块布的技术。
- 针织布普遍质地柔软、富有弹性、透气又抗皱，因而更多被用作服饰面料，在装饰面料领域占比较少。窗帘布中常见的有针织经编绒布及经编纱等。

梭织

梭织是人类历史上最古老，流传至今仍最常用的织布方式。汉语中很多词语来源于古老的梭织工艺，如穿梭、组织、综合、错综复杂、经常、机智、随机应变。

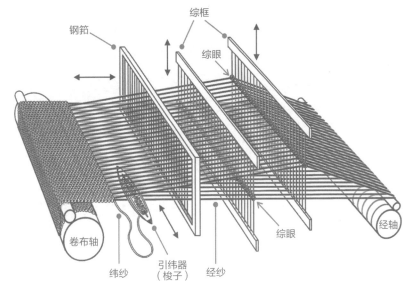

梭织机基本构造

梭织主要工序

① **整经**　将一定根数的经纱按规定的长度和宽度平行卷绕在经轴上，经纱的整体宽度决定了面料的门幅，数量决定面料的经密度。

② **穿经**　将经纱从经轴引出，按需分组穿过不同综框上的综眼和钢筘的筘齿。

③ **开口**　升降综框，带动不同组的经纱上下移动形成高低位置间的"开口"。

④ **引纬**　由引纬器将纬纱来回穿梭于这些"开口"，形成经纬纱交织。

⑤ **打纬**　有梭引纬要用梭子。无梭引纬要利用气流、水流、片梭、剑杆等。钢筘向前移动，将新穿入的纬纱推动至织口，使纬纱排列均匀紧实。织造紧密的织物时，可以进行多次打纬（一般是两次或三次）。

　　其中整经和穿经属于织造前的准备工序。而"开口—引纬—打纬"三个步骤循环往复，结合送经和卷布的动作，就是织造过程。

梭织简史

目前已发现的最早的经纬织物是在土耳其安纳托利亚半岛上的加泰土丘（Catal Huyuk）遗址的一块亚麻面料残片，距今约8000年。而人类历史上最早的织机是怎样的，却一直都还没有定论。

不过有一种古老织机，堪称"织布机活化石"，至今我们仍能在很多少数民族地区见到它，它就是——腰机。

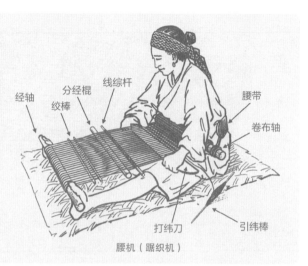

腰机 又叫"踞织机"。因使用时织工席地而坐，以自己的身体作为机架，双脚抵住经轴，卷布轴用腰带系于腰上，因此而得名腰机。织布时，用线综杆提升分组的经线以"开口"，引纬后用打纬刀进行打纬。

不过严格来说，腰机只是一种织布机的原始雏形，它更接近于工具而不是机械。

腰机（踞织机）

我们能看到最早的称得上是织布机的是东汉画像石刻上的——斜织机。

斜织机 属于最早的综蹑织机（带有脚踏提综开口装置的织布机。"综"是综框，"蹑"是指脚踏板。）

脚踏提综是一项伟大的机械发明，它将织工的双手从提综的动作中解脱出来，专门从事投梭和打纬，大幅提高了生产效率。

汉画像石上的斜织机

最早的综蹑织机（早期的斜织机及水平织机）上综框的数量有限，只能织出简单的素布。2片综框只能织出平纹组织，3～4片综框能织出斜纹组织，5片以上综框才能织出缎纹组织。而要织出大的、复杂的花形，就要增加综框的数目，把经纱分成更多的组，于是多综多蹑的提花织机逐步出现了。

多综提花机　2012年，中国成都老官山出土了西汉时期的四架多综提花机模型，是现今能看到的人类历史上最早最完整的提花织布机的文物实物。

这些织机上最为复杂的系统是提花综片，它是利用多个综片将纹样信息储存再释放的装置，是形成提花织物的关键。

西汉时期的多综提花机

综蹑织机的综片数量终究是有限的，很难织出纬纱循环大的花型，而综蹑数量越多，操作越复杂，生产效率越低。于是很快就有了新的能织出复杂大花型，同时生产效率又高的织布机类型，它们就是——束综提花机。

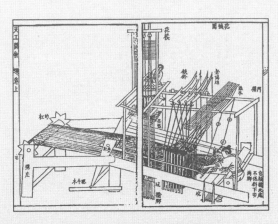

明代《天工开物》中描绘的花楼织机

束综提花机　又叫"花楼织机""高花本提花机"。由两人协同操作：一人为织工，坐在机前控制地综和投梭打纬；另一人为提花工，坐在悬挂花本的花楼上进行提花。

挑花结本是这种花本提花机的技术核心，类似结绳记事的原理，根据纹样设计图，将经线合并同类项，分成很多组并集结成综绳（束综）。织造时，由提花工循着花本控制经线组的浮沉，配合织工投梭织花。

贾卡提花机 15～18世纪，欧洲的能工巧匠们根据中国古代花本提花机"挑花结本"的原理不断创制出各种新型的提花机，其中纸孔提花机最为成功。

1804年，经由法国发明家约瑟夫·玛丽·贾卡改良，制成了有整套纹板（打孔卡纸片）传动机构的单人脚踏提花机，由此奠定了现代提花机的雏形。

第一次工业革命以后，蒸汽动力让贾卡提花机一跃成为自动提花机，从而广泛传播于全世界，而后来升级为电动机发动，让它们真正成为现代化机器，一直沿用到20世纪中叶。

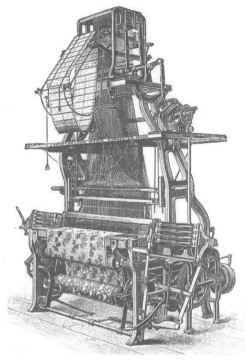

19世纪的钢架蒸汽动力贾卡提花机

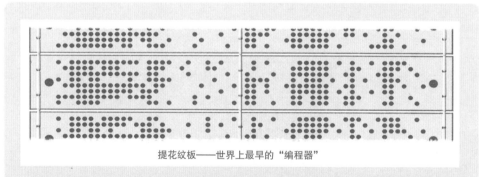

提花纹板——世界上最早的"编程器"

贾卡提花机的工作原理是预先根据设计图案在卡纸片上打孔，然后根据孔的有无来控制经线与纬线的上下关系，即有孔的部位顶针可以通过，与其联动的拉钩可将经线抬高，没孔的部位则不会。织布时，打孔卡纸片（提花纹板）通过传动机件一片一片移动，顶针拉钩按序控制经线的上下，从而织出花纹。

这种用一系列打孔卡片来将复杂图案程序化的神奇构想，也为后人发明现代计算机带来了关键的启示。

　　无梭织机　20 世纪下半叶开始，更加先进的无梭织机逐步取代传统有梭织机。无梭织机的引纬方式目前有三种：剑杆式（剑杆织机）、抛射式（片梭织机）、喷射式（喷水织机、喷气织机）。此外，如今还有更加先进的电子提花机。

剑杆织机

- 用往复运动的剑杆头将纬纱拉进梭口。
- 有单剑杆织机和双剑杆织机两种。
- 适应各种纬纱。适用于色织、多色纬织物、双层绒类织物、毛圈织物的生产。

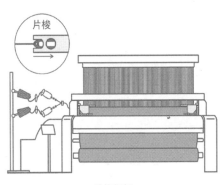

片梭织机

- 以带夹子的片状梭子夹持纬纱投射引纬。
- 具有引纬稳定、织物质量优，纬回丝少等优点。适用于多色纬织物、细密而厚实的织物以及宽幅织物的生产。

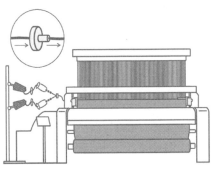

喷射（水、气）织机

喷气织机

- 用喷射出的压缩气流对纬纱进行引纬。
- 车速快、生产效率高，适用于平纹和小纹路织物、细特高密织物和大批量的织物的生产。

喷水织机

- 用喷射的高速水流对纬纱进行引纬。
- 车速快、生产效率高，主要适用于表面光滑的疏水性长丝化纤织物的生产。

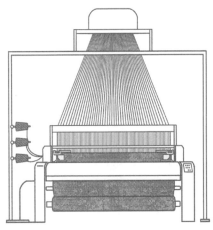

电子提花机

- 电子提花机采用计算机信息处理技术，把提花织物的花型信息转化为提花机的控制信息，由计算机程序控制电子提花龙头的电磁选针机构，可精密控制每一根经纱并与纺织机的机械运动相配合，实现对织物的高速无纹板提花。
- 电子提花龙头可以叠加在各种无梭织机之上。

梭织面料常见品类

一匹绸缎、一片薄纱、一条毛巾、一块厚毯，都可以梭织而成，梭织面料的品种繁多，应用广泛。在装饰面料领域，无论是窗帘布还是家具用布，90%以上都是梭织面料，剩下少量的是针织面料。

组织

梭织面料经纬线上下交织的规律被称为织物"组织"。从素布到花布，从薄纱到绒布，梭织面料的表面效果之所以能够千变万化，除了纱线原料不同，最根本的差异来自它们的组织结构。

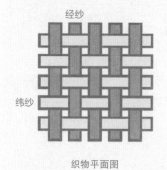

织物平面图 横截面 组织结构图

基础梭织组织

梭织组织中最基本的三种为：平纹组织、斜纹组织、缎纹组织。各种变化组织、联合组织、复杂组织、提花组织都是以这三种为基础进行变化和组合的，因此它们被称为"三原组织"。

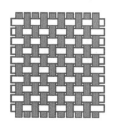
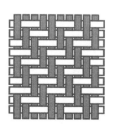
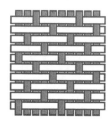

平纹组织 plain	斜纹组织 twill	缎纹组织 satin
● 表面平坦，纹理简单，耐磨、抗勾丝。 ● 手感较硬，弹性小，光泽弱，易皱。	● 正反面外观不同，手感较软。光泽、弹性、抗皱性比平纹好。 ● 耐磨性、坚牢度弱。	● 表面平整光滑，富有光泽，厚实，质地柔软，悬垂性好。 ● 易摩擦起毛、勾丝。

花式梭织组织

窗帘面料中花式梭织组织工艺繁杂，常见的有：大提花组织、小提花组织、割绒组织、纱罗组织。

大提花组织也被称为"大花纹组织"，是复合组织，通常以一种基础组织为地，叠加各种变化组织织造出大型的具象或抽象的花形。

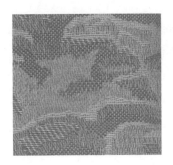
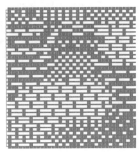

大提花组织
jacquard

如使用多色的纬纱或经纱织出的面料被叫作"色织提花面料"。

大提花组织应用于配有电子提花龙头的织机，可精准控制数千根经纱，似在用纱线作画。运用各种质地的多色或花式纱线结合复杂的组织变化来塑造一幅花形面料的形状、色调、质感、肌理，工艺精妙、变化多端，大提花面料被誉为"面料之王"。

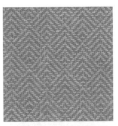

小提花组织
dobby
由"多臂（dobby）机"织造，用综框提花，不需要用到提花龙头。通常由"三元组织"及其变体构成循环较小的几何图形纹样。

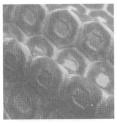
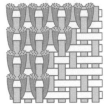

割绒组织
cut pile
在基础地纱上额外增加一组成圈纬纱或经纱，然后将其割断起绒。梭织割绒面料是诸多绒织物中最经典也是品质最高的一种。

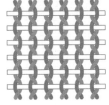

纱罗组织
gauze/leno
每根纬纱穿过梭口后，成对经纱相互绞扭，扣紧纬纱，形成牢固的网格纱眼（绞综工艺）。纱罗组织是纱织物的基本组织。

针织

针织面料是由纱线编织成圈，并相互串套链接而形成的织物。根据编织方法不同可以分为纬编针织面料和经编针织面料两大类。

纬编针织面料基本结构

纬编针织面料　整体由一根或多根纱线横向连续不停地打成线圈并串套连接上下排而形成的织物。质地松软、透气、有弹性，常被用来制作运动衣、内衣、袜子等。纬编针织面料更容易生产，但在裁剪时易脱散卷边。

经编针织面料　由一组或几组平行排列的经向纱线左右绕结成圈。因为形成了回环绕结，织物结构稳定，更挺括，弹性相对较小，便于裁剪。其性能介于梭织面料与纬编针织面料之间，在装饰面料领域应用更广。

经编针织面料基本结构

窗帘领域常见的针织面料

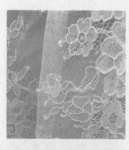

经编纱 / 蕾丝花边

- 经编工艺能使用不同粗细的纱线以及多变的组织结构织出各种素面及提花造型的网眼纱，且形状稳定、牢固。
- 由拉舍尔经编机织出的经编纱与蕾丝花边是窗帘面料辅料中的常见产品。
- 经编纱作为针织面料，悬垂性要普遍好于梭织纱。不过也有部分经编纱因组织工艺问题越挂越长。

经编绒 / 纬编绒

- 针织面料中的绒织物品种繁多，如服装领域中的抓绒、圈绒、摇粒绒。
- 窗帘面料中最常见的针织绒布是割绒及磨绒产品，经编纬编工艺都可以生产，但经编绒的成本更高、品质也更好。
- 割绒是先织成双层织物，两片之间有延展线连接，后将延展线割断起绒，成为两片绒织物。

织物后处理

织物后处理是指织物被基础织造之后的各种优化工艺。织布机上刚织出来的梭织或针织织物叫作"坯布"，通常不能直接使用，需要经过一系列改善织物外观、手感及性能的处理之后，才能转化成成品布。

织物优化处理的工序并不只有后处理，也可以在织物生产前进行前处理。比如：在织布前对纱线进行染色或漂白等技术处理。

面料常见的功能性后处理

窗帘面料常见的装饰性后处理

磨绒　面料织好后用磨毛机将表面磨出一层短而密的绒毛，如人造麂皮绒等。

染色　用天然或合成的染料为纺织品（纤维、纱线、织物）上色。

印花　用染料或颜料在纺织物上形成图案的工艺。有防染印花、拔染印花、直接印花、纱线印花。

轧花　用刻有花纹的轧辊在一定的温度下轧压织物，使其产生凹凸花纹效果的工艺。

绣花　用绣花机在织物上绣制各种装饰图案的工艺。有平绣、立体绣、贴布绣、绳绣、亮片绣、水溶绣、激光绣。

关于窗帘面料的一些常见问题

染色布与色织布的区别

这是从着色工艺的角度对面料进行的分类。无论梭织面料还是针织面料都可以分为染色和色织两种。染色布是先织后染，色织布是先染后织。

染色布是用本色纱线织成坯布，然后再将坯布染成需要的颜色。色织布是用染过色的纱线织布，织出的布自然就有颜色及花纹变化。

染色布工艺成本低，色织布工艺成本高。无论梭织还是针织领域，色织提花布都属于高档面料。

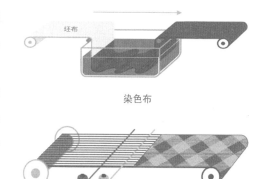

坯布

染色布

色织布

印花布、提花布与绣花布的区别

这是从显花工艺的角度对面料进行的分类。印花、绣花、提花是织物上最常见的三大显花工艺。无论梭织面料还是针织面料都可用这三种方式制造布上的花纹图案。

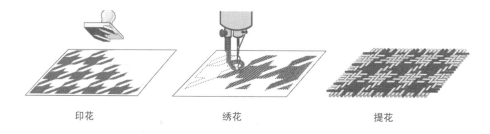

印花　　　　　　　　绣花　　　　　　　　提花

印花布　在坯布上印或染出花纹图案。装饰面料中常见的是平网/圆网印花、转移印花、数码印花等直接印花的方式。印花面料只在正面有图案。

绣花布　用针线在坯布上绣出花纹图案。绣上的图案立体感强，用手摸会有明显的凹凸触感，面料背面也能看到线迹。因是纱线染色，清洗不易褪色。

提花布　工艺最难，是用不同颜色的纱线直接织出有图案花纹的面料。通常正反面都有图案，很多面料可两面用。其优点是手感好、不易勾纱、不易褪色。

如何鉴别一款窗帘面料的品质

对于一款窗帘面料，不同的人会有不同的要求。有人喜欢垂顺的，认为柔美的垂感是窗帘的首要品质；有人喜欢天然的，认为过于垂柔的面料在材料或工艺上一定不够环保。存在即合理，天然也好，人造也好，各种类型的面料都有其对应的受众，只要是质量合格的产品都是好产品。

面料质检是窗帘企业非常重要的日常工作，大批量的可委托专业检测机构，量少的可自己检测，各企业有自己的流程规范，或繁或简，其中有几个关键点。

"一闻" 当我们拿到面料产品后，首先要闻有没有异味，需要非常注意的是：有任何异味的面料都属于不合格产品。（参见《国家纺织产品基本安全技术规范 GB 18401—2010 》）

"二摸" 抚摸面料表面，看是否会有明显的"倒顺毛"痕迹（尤其绒类面料）；揉捏面料，感受是否有不适的触感（如柔软剂过度的黏腻感等）；用力捏紧面料以及在面料表面轻划，测试这些痕迹的复原度；用手指小范围扯拉面料，看纱线位置是否松动（尤其纱类面料）。

以上这些并不一定都属于质量问题，但却是设计及加工窗帘时需要注意的细节。

"三看" 除了核对产品信息以外，最重要的是在有背光的验布机上检查瑕疵。窗帘面料常见的瑕疵有色差、污渍、纱结、漏光点、纬斜。

关于这些瑕疵的允许值，行业内有相关的标准，发生售后问题时可以根据这些标准做售后处理。但如果瑕疵在裁剪时能够留意避让，企业就会节约成本，无须售后。

其他 还有一些重要的质检项目就需要更多的工序及专业设备了，比如：密度、克重、色牢度、洗后尺寸变化率。

尤其需要注意的是：一些无良厂家会偷偷减少面料密度及克重以次充好，需要用专业的织物密度镜及克重仪仔细检查。而织物密度镜对于专业窗帘设计师来说也是标准装备。

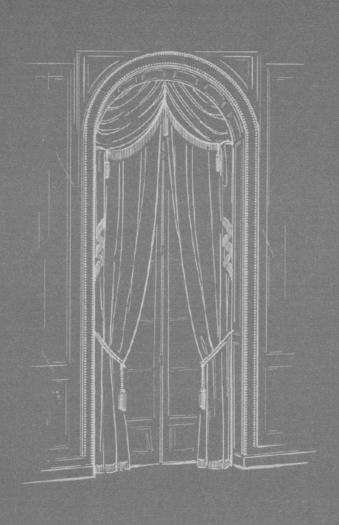

第 5 章

布艺窗帘款式

布艺窗帘款式分类

布艺窗帘款式，包括帘款式和幔款式。帘款式最常规的分类方式是根据开合方式分为：平开式和升降式两大类。

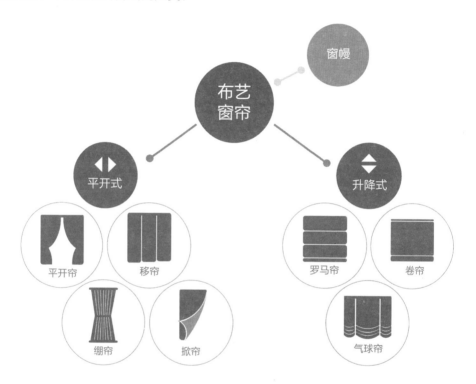

平开式布艺窗帘

①最主流的是使用窗帘导轨/罗马杆左右开合的平开帘。

②由几片平板帘片通过顶端滑轨左右移动开合的移帘。

③帘片上下两端穿杆固定的绷帘。

④顶端固定用掀开一边的方式开合的掀帘。

升降式布艺窗帘

①最常见的是折叠帘片升降开合的平板或扇形的罗马帘。

②通过卷轴卷起帘片的卷帘。

③由抽带或绑带将帘片向上抽/扎起，形成层叠褶裥与弧形下摆的气球帘。

平开帘

平开帘的结构及各部位名称

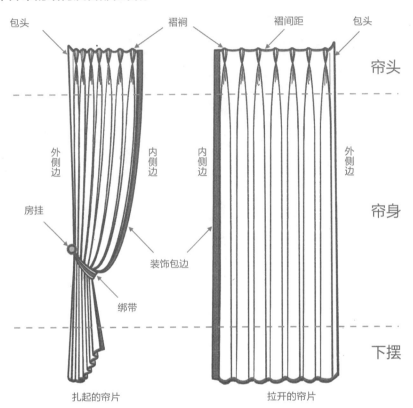

扎起的帘片

拉开的帘片

平开帘帘片下摆的高度

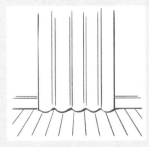

离地1 cm
现代简约，帘身凹凸，挺括利落

拖地N cm
华丽复古，面料褶皱，厚重自然

平开帘的帘片造型

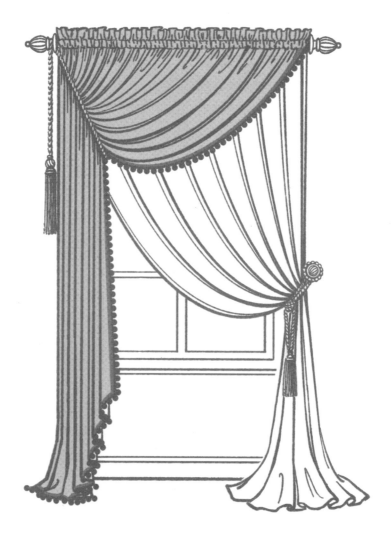

平开帘的帘片，可以做出很多装饰性的造型。将帘片扎起，能形成上部柔美的弯弧曲线以及下部层叠悬垂的下摆，在很多地方这成为彰显风格品位和工艺水平的一种手法。这样的造型要达到好的效果，帘身的高度都要加长，通常做到拖地15~35cm，甚至更多。

其中大部分造型借助常规房挂、绑带或帘穗即可实现。而有些造型为了更完美，需要特殊的裁剪工艺及绑吊配件。

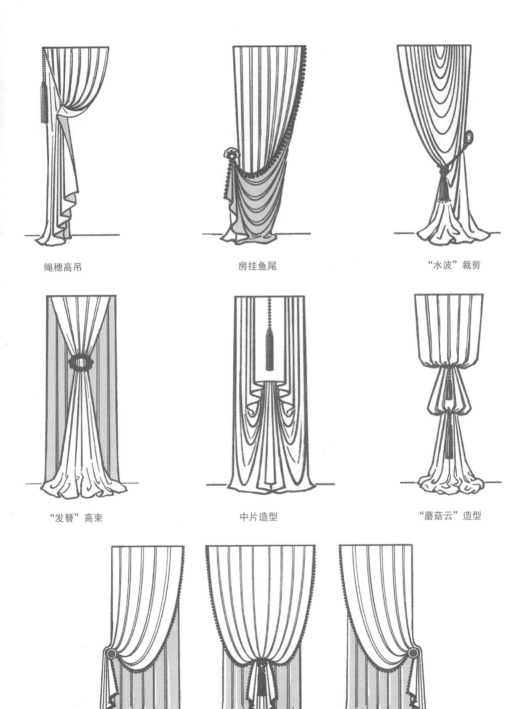

绳穗高吊

房挂鱼尾

"水波"裁剪

"发簪"高束

中片造型

"蘑菇云"造型

房挂撩起/中间扎起

帘头

帘头的作用

帘头是窗帘（布艺平开帘）的灵魂！所谓帘头，是指窗帘帘片顶部（头部）的造型。

将一块布变成一幅漂亮的窗帘，最关键的就是帘头。帘头的款式结构既解决了帘片该如何悬挂的功能性问题，又解决了帘片是怎样凹凸有型的审美性问题。

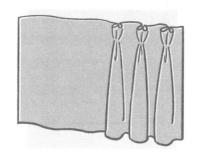

帘头的款式

帘头的款式非常丰富多彩，有很多优秀的创意及工艺。其中主流的基本款式可分为四大类：吊带式、穿杆式、打孔式和褶裥式。

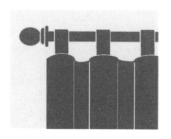

吊带式
tab top tie

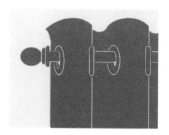

打孔式
grommet

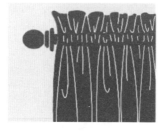

穿杆式
rod pocket

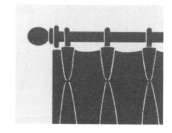

褶裥式
pleats

其中前三种款式的帘头都只适用于罗马杆，而褶裥式的帘头实用性最强，无论罗马杆还是窗帘导轨都适用，款式变化也更为丰富，因此市面上见到的最多。

吊带式帘头

在帘片顶端缝制各种造型的带子、绳子或穗扣类饰物等，并通过它们将帘片吊在罗马杆上，系在窗帘环上或挂在房挂钩上。

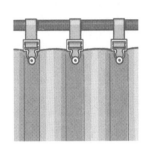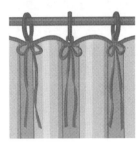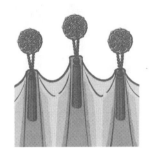

穿杆式帘头

在帘片顶端制作形成各种套管，并通过它们将帘片穿套在罗马杆上。穿杆式帘头的装饰性强，一般褶裥比例不少于3倍。实用性相对较弱（拉动不方便）。

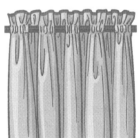

打孔式帘头

在帘头位置打孔（孔的数量为偶数）并安装窗帘圈，用罗马杆穿过这些窗帘圈而挂起帘片。窗帘圈可减少摩擦力，让帘片拉动时比吊带式或穿杆式都轻松。

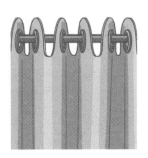

褶裥式帘头

如果说帘头是窗帘的灵魂，那褶裥就是让灵魂变得更有趣的部分。褶裥式帘头的造型最为丰富。在这里，褶裥是指通过缝制加工使帘头形成有规律的褶皱造型，行业内俗称"打褶"。有借助各种塑形衬带形成的抽带式褶裥，也有经过精心裁剪缝制的独立式褶裥。褶裥的立体结构能更好地塑造帘片凹凸有致又有序的形体美感。而设计师在基础褶裥款式上增添的各种细节变化与辅料配件装饰也往往成为窗帘整体款式设计中的点睛之笔。

褶裥式帘头配套使用各种挂钩来悬挂窗帘，在每个褶裥的背面都有可穿挂窗帘挂钩的结构。这样的形式让它们可适用于所有窗帘轨道，使用起来也更为方便。

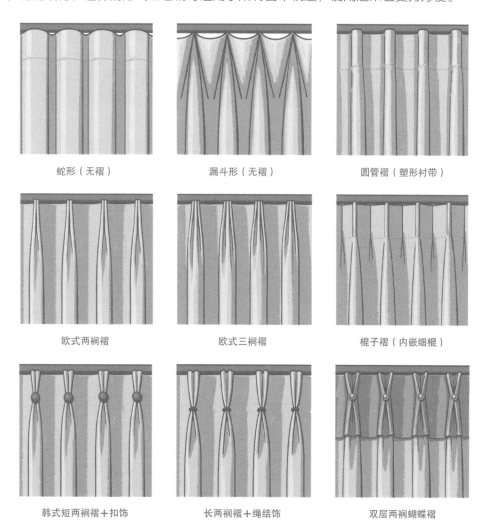

蛇形（无褶）	漏斗形（无褶）	圆管褶（塑形衬带）
欧式两裥褶	欧式三裥褶	棍子褶（内嵌细棍）
韩式短两裥褶＋扣饰	长两裥褶＋绳结饰	双层两裥蝴蝶褶

　　褶裥有很多俗称，比如：最常见的下端收紧的三裥褶被称为"法式褶"；顶端收紧的三裥褶被称为"欧式褶"；短两裥褶被称为韩式褶；其他常见的还有"酒杯褶""工字褶"（箱式褶）等。

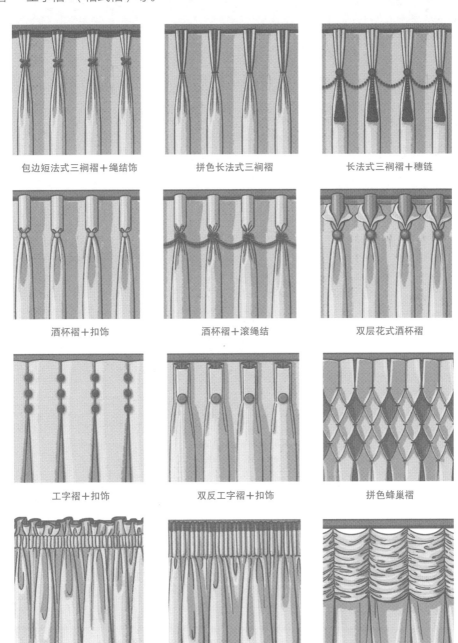

包边短法式三裥褶＋绳结饰　　　　拼色长法式三裥褶　　　　长法式三裥褶＋穗链

酒杯褶＋扣饰　　　　　　　　酒杯褶＋滚绳结　　　　　　　双层花式酒杯褶

工字褶＋扣饰　　　　　　双反工字褶＋扣饰　　　　　　　拼色蜂巢褶

包边摩尔抽带褶（塑形衬带）　　拼色抽带铅笔褶（塑形衬带）　　　气球褶

褶裥比例

褶裥比例又叫"褶裥倍数""打褶比例""打褶倍数",它是决定布艺平开帘帘身美感的首要因素。

褶裥比例 = 所用面料总宽度/窗帘成品宽度

简单说就是用多少面料来塑造窗帘的立体感。比如:一个窗洞宽2m,窗帘的宽度至少2.1m(窗帘要比窗洞左右都宽一点才能防止两侧漏光),那这幅窗帘要用多宽的布来做呢?理论上用2.1m宽的布就能做窗帘了,但这样只是一块平布的效果,缺乏形体美感。窗帘除了要满足遮挡窗户的基本功能需求以外,还要满足审美需求。因此人们会用更多的面料量来使窗帘帘身形成饱满的凹凸起伏的褶皱。而这个具体的量一般用窗帘所用面料宽度是窗帘成品宽度的几倍来表达,这就是褶裥比例。

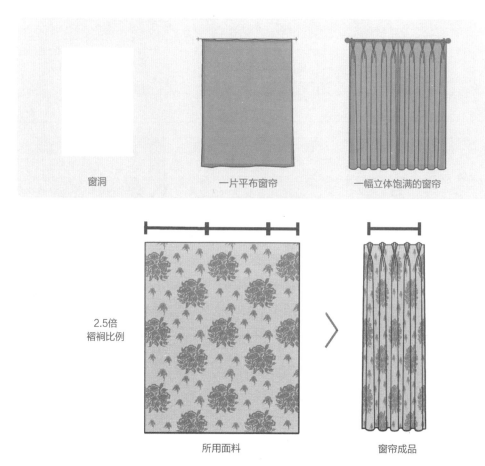

窗洞　　　　　　　一片平布窗帘　　　　　　一幅立体饱满的窗帘

2.5倍
褶裥比例

所用面料　　　　　　　　　　窗帘成品

三种褶裥比例效果

　　通常2.5倍左右褶裥比例的平开帘形体感最强，2倍褶裥比例应用最广，低于这个比例就会开始显得简陋，最低不能低于1.5倍，否则效果会接近一块平布。有经验的窗帘销售及设计人员一定会在窗帘销售时就让客户清楚这些效果差异。

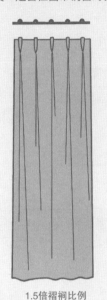 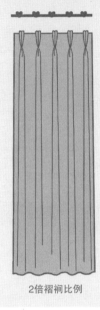 

| 1.5倍褶裥比例 | 2倍褶裥比例 | 2.5倍褶裥比例 |

褶裥的尺寸分配

　　褶裥式帘头的褶裥数量以及相应的褶裥量和褶间距的尺寸如何分配，不同厂家有不同的标准。这是打造优美帘身效果的深层秘密，值得设计师去深入研究。

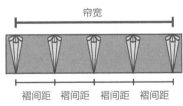

　　＊平开帘帘宽的概念经常被搞错，正确的帘宽是指：平开帘第一个褶裥到最后一个褶裥之间的距离。

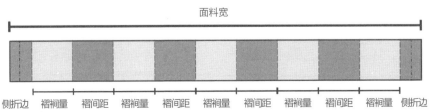

平开帘的帘身装饰

除了丰富多样的帘头造型以外，平开帘的帘身以及各个边缘（侧边、顶边和下摆）也都是很好的设计装饰点。用于装饰的材料可以是配布面料，也可以是成品花边饰带等。

平开帘常见的帘身装饰手法有四种：包边、镶边、加边、相拼。

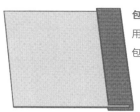

包边

用另一块配布面料包住主布的边缘

镶边

在主布上另加一条配布或饰带的装饰条

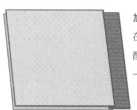

加边

在主布布边靠外用配布或花边等再加一条装饰边

相拼

两种或更多块布拼成一体

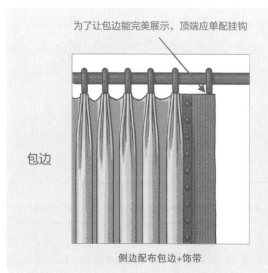

为了让包边能完美展示，顶端应单配挂钩

包边

侧边配布包边+饰带

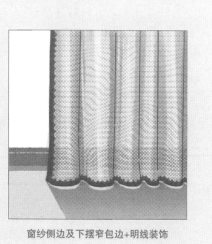

窗纱侧边及下摆窄包边+明线装饰

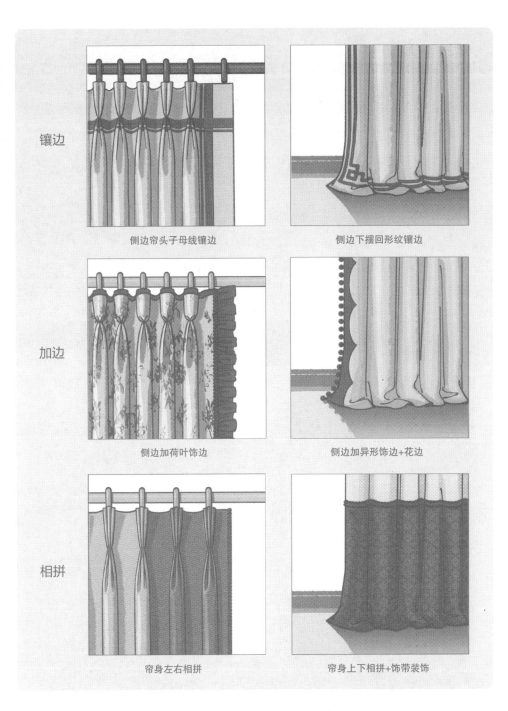

镶边

侧边帘头子母线镶边

侧边下摆回形纹镶边

加边

侧边加荷叶饰边

侧边加异形饰边+花边

相拼

帘身左右相拼

帘身上下相拼+饰带装饰

　　精美的面料辅料相搭配，加以包边、镶边、加边、相拼等装饰手法，再结合各种缝纫收边拼合工艺，最终就可打造出一幅细节完美的布艺窗帘。

移帘、绷帘与掀帘

平开式布艺窗帘中除了最常见的平开帘，还有些不常见的款式也会在一些特殊的窗型或空间被应用。

移帘

适合平面展示的面料，除了用于窗帘外，还适用于空间隔断。常规移帘（屏风帘）隶属于成品帘商品，但也可以由设计师选择特定的面料交由普通窗帘加工单位制作，只要选配可拆装帘片的轨道和配件即可。

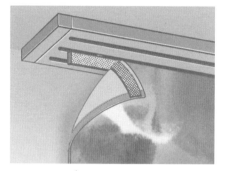

绷帘

通常直接安装于玻璃门或玻璃窗上。采用穿杆帘做法，用上下两根专用的小型窗帘杆将帘片穿套后绷紧固定在门或窗的边框上。

绷帘多用纱类面料，3 倍褶裥比例，形成朦胧透光透影的紧密褶皱效果。绷帘一般都是固定好造型而不开合。将中间扎起形成沙漏形的造型最受欢迎。

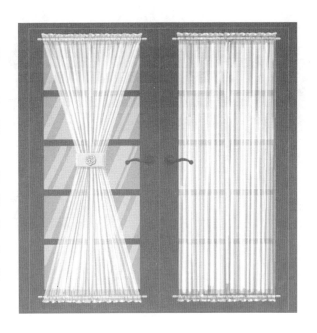

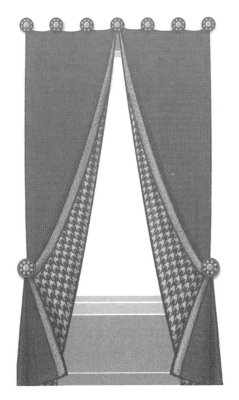

掀帘

与可以左右开合的平开帘不同，掀帘只能通过掀起一角或一边的方式打开，因它们的顶边是固定式的，类似门帘。

掀帘适合用于小窗、窄窗，帘片不需要太多的褶裥比例，有些甚至就是一片平布。因为它们掀起的造型能同时展现帘片的正面与背面，所以背面衬布的选择往往是这个款式设计的重点。

罗马帘

罗马帘是最常见的升降式布艺窗帘。其经典基本款平板罗马帘（又叫"板式罗马帘"），是将经过分档的平板状帘片用魔术贴固定在升降帘专用轨道上，通过轨道的线绳系统控制帘片的升降开合，在升降时帘片每段分档依次折叠收拢或展开。

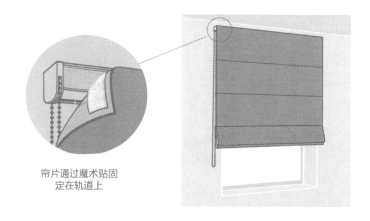

帘片通过魔术贴固
定在轨道上

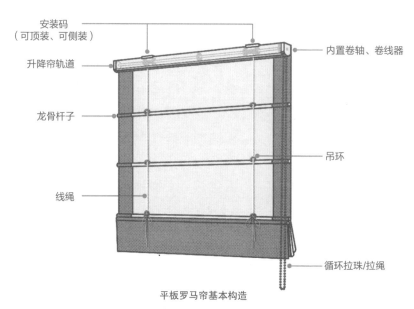

安装码
（可顶装、可侧装）

内置卷轴、卷线器

升降帘轨道

龙骨杆子

吊环

线绳

循环拉珠/拉绳

平板罗马帘基本构造

罗马帘一般更适合窄窗，瘦高的"长宽比"看上去更舒服。如果是宽窗，可以选择分段做。罗马帘可以是单层的，但加了衬布品质感会更佳。

平板罗马帘如何露出下摆?

平板罗马帘工艺的关键之处是如何分档以及如何穿绳系绳,其中的变化可以造就多种不同的外观效果。

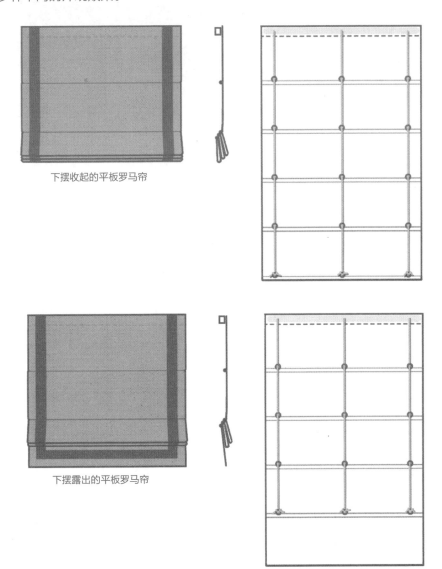

下摆收起的平板罗马帘

下摆露出的平板罗马帘

下摆露出的平板罗马帘,无论升降开合到什么位置,下摆始终是外露的,这是个很好的展示面,可塑造多种装饰及造型效果,是很多设计师喜欢的款式。

平板罗马帘的装饰

下摆装饰

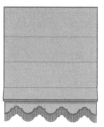   

檐形下摆+流苏花边　　垂波下摆+背带、蝴蝶结　　配布下摆+球花边　　弓形下摆+穗子

帘身装饰

四周包边　　三边子母线包边　　三边饰带镶边　　三边双色包边

 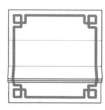  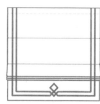

四周倒角镶边　　四周回形纹镶边　　三边回形纹镶边　　三边双线菱形纹镶边

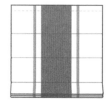  

主辅布相拼+子母线　　花布相拼+窄饰带　　主辅布相拼+宽饰带　　中线相拼+蝴蝶结

安装在"框内"还是"框外"？

　　罗马帘跟其他所有升降帘（包括成品遮阳帘）一样，有两种安装位置：窗框内和窗框外。相对来说，安装在框内比较节省空间，外观整齐干练。但如果是碰到内开窗户或框内空间局促，就只能安装在框外。又或者该空间有较高的遮光需求，也会选择采用遮光性更好的框外安装的方式。

框内安装　　　　　　　　　　　　　　框外安装

罗马帘的顶部处理

　　罗马帘的顶边通过魔术贴贴在轨道上，这里要处理得挺括平整并不容易。另外，如果安装在框外，在侧面很容易看到轨道并且侧漏光线。这些都是罗马帘基础款型外观上的不足。如果要追求更美观、更高级的效果，就需要增加一些装饰处理了。通常有三种方式：加窗帘盒、加窗幔和做套盒。

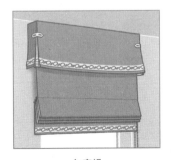
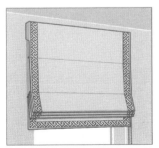

加窗帘盒

顶部加装定制硬质或软包窗帘盒，罗马帘升到顶部时可完全或大部分整齐收拢于盒内。

加窗幔

通过增加一根幔轨来安装窗幔。窗幔的造型以及面辅料搭配都可以跟罗马帘相呼应。

做套盒

通过裁剪缝制，在罗马帘帘片顶端增加两个侧面及一个顶面，形成套盒状结构，将轨道包起来。

平板罗马帘的几种变体款式

在平板罗马帘的基础上，对分档、穿绳以及龙骨等做出不同的处理，即可衍生出很多别样有趣的罗马帘款式。

棱骨式罗马帘

与经典款平板罗马帘都将龙骨藏在背面不同，棱骨式罗马帘是将龙骨置于帘片的正面，使它们成为表面装饰效果的一部分。包覆龙骨的面料还可以选择与主布有对比关系的。

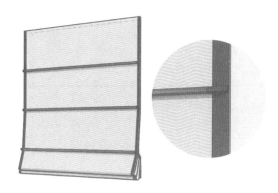

无棱式罗马帘

除了帘片下摆处会穿一根龙骨负责增加垂重与定型，帘身背后其他分档处没有龙骨，只有吊环穿绳，正面看不见分档处的棱线，效果干净平整。

柔式罗马帘

帘片背后不穿分档龙骨，帘身平坦，下摆有非常自然轻松的层叠垂波造型。要达成这个效果，需要选用有良好垂感的面料，并且在加工工艺上更为复杂，有些柔式罗马帘需要裁剪更多的面料（梯形裁剪）来打造这个垂柔下摆造型。而要让下摆的垂波弧度能始终保持完美，往往还需要一根撑杆来辅助固定造型，这些工艺都更类似气球帘的做法。

波浪式罗马帘

波浪式罗马帘又叫瀑布式罗马帘，通常属于成品帘商品。普通布艺窗帘企业也可以通过巧用一些配件辅料，制作出同样效果的帘子。

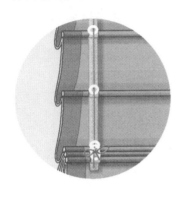

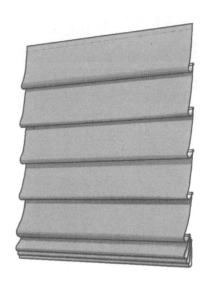

扇形罗马帘

扇形罗马帘在平板罗马帘基础上增加了一个扇形（半圆）下摆。当它完全放下时同平板罗马帘一样是一块方形帘片，向上拉升时下摆首先形成扇形然后再逐档折叠上升。扇形罗马帘要求帘片的高度通常大于宽度的两倍以上才能有好的效果。用竖条纹面料做出的扇形罗马帘效果更别致。

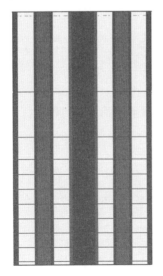

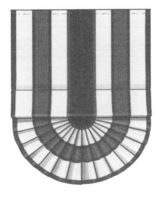

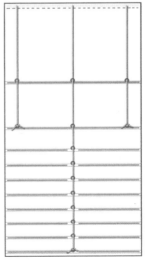

*背后巧妙的分档及龙骨、吊环、系绳的处理，造就了漂亮的扇形下摆造型。

气球帘

气球帘是升降式布艺窗帘中的另一大品类，同样也是用升降帘轨道系统控制帘片的升降开合。与罗马帘的平板效果不同，气球帘的帘身造型是立体饱满的，因下摆有垂波弧度、形似气球而得名。

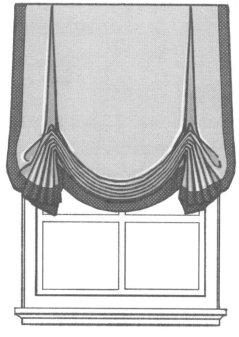

伦敦式气球帘

气球帘可以是单球、双球、多球等多种形式。上图为经典的伦敦式气球帘，下摆为一个单球加两边的半球，也叫作狗耳朵造型。

各种数量的气球帘

气球帘的工艺特点

1 气球帘的装饰性大于实用性。为了保持完美形态，很多款式的气球形下摆是固定的，帘片放下时也不会展开。有些款式能部分展开，但需要手工整理造型。

2 下摆的气球造型，可以通过吊绳提拉、绑带固定、定型缝制等多种方法实现。

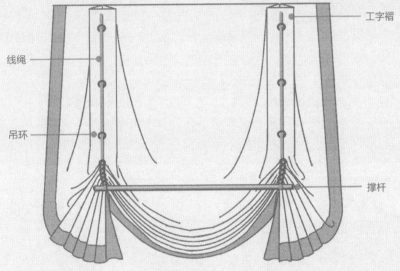

线绳

吊环

工字褶

撑杆

伦敦式气球帘背后工艺

3 为了实现下摆饱满的气球造型，气球帘比罗马帘需要更多的面料。高度上，需要更多的面料来塑造下摆气球的厚度，同时也需要增加宽度上的面料量来塑造饱满的立体感。

4 帘头位置是不需这些额外的面料量的，因此会通过增加褶裥的方式消化这些增加出来的宽度，气球帘帘头褶裥的形式多种多样。此外有些款式还做包头。

5 气球帘没有分档龙骨，但很多款式会在气球下摆的背面位置固定一根撑杆（两端固定），用来支撑气球的弧度，使它们不至于因为过重而垮塌。

6 将有些气球帘改短尺寸并去掉升降功能后就是单纯用于装饰的气球幔。

各种气球帘款式

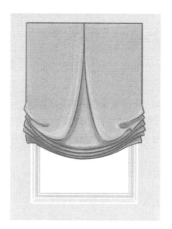

工字褶单球气球帘

在帘片的中间位置做一个工字褶裥，顶端缝合，往下自然张开。

吊带单球气球帘

垂感好的纱或布，中间有孔穿过绳带，将下摆吊起形成扇形。有成品帘厂家将此产品制成成品装饰帘商品售卖。

束带狗耳气球帘

由两根背带打结吊起帘身形成气球下摆。此款式开合时需要手动绑帘身，并整理下摆造型。通常帘身没有褶裥，为了使下摆饱满，可进行梯形裁剪。

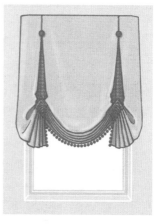

相拼工字褶伦敦帘

在基础工字褶伦敦式气球帘基础上，在工字褶裥内选用另一块配色面料，形成拼色效果。可在工字褶上端加扣饰，下摆加辅料花边等装饰。

工字褶多球气球帘

多球气球帘是古典装饰风格中应用于宽窗的经典款式，工字褶裥属于"暗褶"，能够做出立体感非常强的拱起的气球效果。

抽带褶多球气球帘

利用帘头抽绳式衬带制作的抽带褶多球气球帘，在生产工艺上相对简单。在帘身及气球的整体造型上也更为随性。

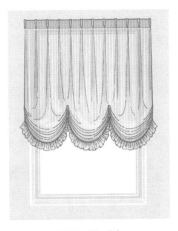

明褶多球气球帘

用明褶（两裥褶、三裥褶、酒杯褶）制作的多球气球帘，通常采用窗纱或薄布面料，气球下摆多会加荷叶边装饰。

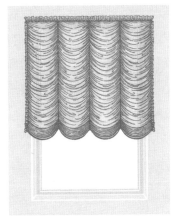

奥地利帘

奥地利帘是气球帘中最特殊的一种，也叫作"水波帘"，帘身由多排连续的水波褶裥构成。适合用垂感好的窗纱制作，用料量多，通常宽度褶裥比例为1.5倍或更多，高度褶裥比例为2.5~3倍。

187

气球帘与水波帘

气球帘、水波帘这些俗称都是人们对这些布艺升降帘外观造型的形象概括。这里没有绝对的命名和归类标准，比如奥地利帘中的有些款式的造型像气球，有些款式更像水波。总体来说，帘身的皱褶自由粗犷一些的多被称作"气球帘"，皱褶弧度整齐圆润的则更多被叫作"水波帘"。

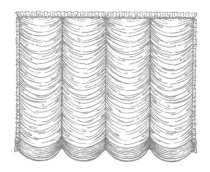

两种奥地利帘

首先，两者外观效果的区别与面料质地有关，垂感好的面料形成的皱褶弧度肯定比较圆润垂顺。其次，制作工艺的不同也会对帘身皱褶的整齐性有直接的影响。如果只简单地用线绳提拉吊环卡位形成的皱褶会比较自由粗犷，如果是用了辅料抽带（抽绳衬带）而形成的皱褶规律性会显得更好。

另外，为了克服所有这类升降帘都会出现的因面料自身重量形成的下摆向中间收拢的问题，很多大型气球帘和水波帘都会在两侧加装牵引边索（类似前文中边索款卷帘的配件和结构）帮助定型。

成品水波线帘

由于奥地利帘（尤其是水波式）的装饰效果强，它对面料及生产工艺要求高，要做好并不容易，因此有成品装饰帘厂家研发出了效果类似的成品线帘。细密的线绳塑造出的水波造型轻盈优美，升降时也不需要额外打理。

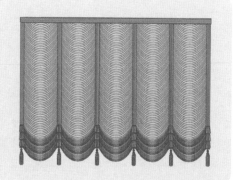

卷帘

卷帘是一种古老的窗帘形式，但如今它们是成品遮阳帘中的主流商品，而在布艺定制升降帘中则比较少见，它们可以分为三种。

成品卷帘改造款

将成品帘中的卷帘轨道配件进行改造，换上自己想要的面料。仍用原有的循环拉绳/拉珠操控升降开合。不过这样的改造对面料的要求高，并不是所有面料都适合成品卷帘的卷轴系统。

传统卷帘DIY款

使用古老的竹草卷帘的绳吊系统，选用面料进行DIY。可以正反面搭配不同的面料，卷起时形成对比效果。

手动束带款卷帘

沿用古老的驿站马车帘的形式，在使用时将帘片手工卷起后用两根绳带束起，束带的材质形式多样，有皮革、穗带、麻绳、金属链，与相应风格的面料搭配，别具一格。此款式的装饰意义大于实用目的。

189

窗幔

19世纪法国室内装饰中的窗幔

　　窗幔是一种专门装饰于窗户顶部的帷幔。与窗帘具有调节室内光线及温度的功能不同，窗幔的作用除了能遮挡窗帘顶部的轨道防止漏光以外，更多的属性是锦上添花的装饰品。它们的历史并不久远，随着纺织业的兴起，19世纪是窗幔的繁盛时期，那时的宫廷风室内装饰繁复精致，窗幔同窗帘以及飞檐（窗帘盒）一起，构成了完整的窗户装饰，并同周边的立柱、拱顶、墙面造型呼应、浑然一体。窗帘柔美的造型与质感，很好地软化了空间硬装环境的生冷硬朗氛围，而窗幔则是窗帘与硬装之间一个很好的过渡。

随着主流建筑风格的简约化，现如今的窗饰造型已远没有两百年前复杂。建筑、室内设计师们很少再去整体设计窗饰，雕花飞檐（硬质窗帘盒）只在少数古典奢华风格的项目中出现，但布艺窗幔仍然是最受人喜爱的窗帘装饰，无论是古典还是现代风格（极简风格除外）的家居环境，只要有条件（成本及层高允许），给窗户加一款窗幔始终是品位与格调的象征，而作为专业窗帘设计师，能为客户设计窗幔也是最具成就感的工作之一。

 窗幔的分类

如今的窗幔虽然也比古代简化了，但款式种类仍然繁多复杂，概括来说它们可分为三大基本幔形以及各种复合幔形。

三大基本幔形是：平幔、褶裥幔、波幔。再进一步分析，构成这些基本幔形的是四种基本元素：平板、褶裥、垂波和旗。而各种复合幔形就是将这四种基本元素进行有机组合而形成的千变万化的款式。

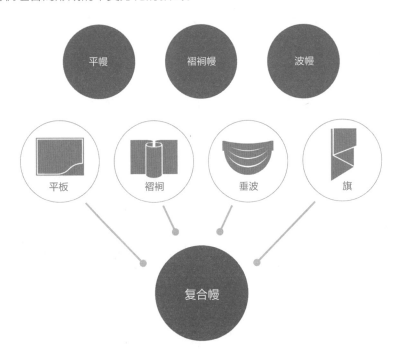

平幔

平幔又叫"平板幔"，幔的主体部分由平板状的布片构成。通常都用衬布及黏合衬来增加厚度，下摆还会加花边类辅料来增加垂感。

平板幔与软包窗帘盒的区别

很多人会混淆两者，常见的错误是想用平板幔来达到软包窗帘盒的效果。而两者之间是有本质差异的：软包窗帘盒有硬质的背板支撑，安装固定在窗顶；平板幔是布片，通过魔术贴粘贴在幔轨上。窗帘盒追求的是硬挺板正的形状效果，而好的平板幔则应该充分体现出面料的柔垂质感。

平板幔的基本轮廓造型

平板幔的造型丰富，但其基本轮廓样式可归纳为以下的种类。这些轮廓样式不只应用于平板幔中，褶裥幔以及各种复合幔也经常用到。

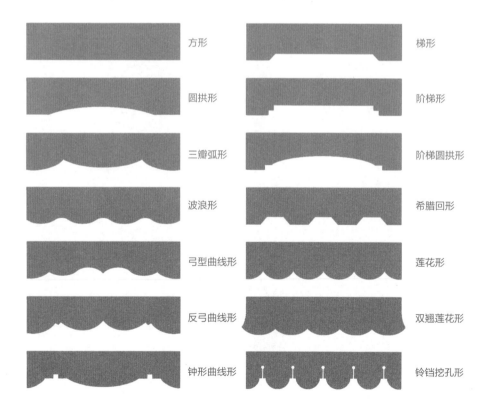

方形　梯形
圆拱形　阶梯形
三瓣弧形　阶梯圆拱形
波浪形　希腊回形
弓型曲线形　莲花形
反弓曲线形　双翘莲花形
钟形曲线形　铃铛挖孔形

平板幔的转角处理

平板幔的幔身效果既要平坦厚实又要柔美自然。如果是看得到两侧包边的平幔，转角位置应该转折得挺括、服帖。如果只是简单地熨烫成折角，往往容易起翘或比较僵硬，很难达到效果。而用一个工字褶裥作为转角处的过渡衔接，这个转角就能被处理得比较有型。

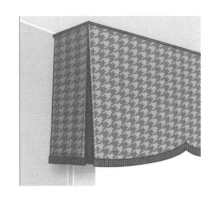

平板褶裥幔和平板旗幔

基础平板幔的幔身整体是平坦的，缺乏立体感。如果增加一些褶裥，会显得有层次变化，也能更好地表现面料的光泽与质感。在平板基础上增加褶裥的幔可以叫作"平板褶裥幔"，如果褶裥加在了幔的两边并垂下来形成旗的，就叫作"平板旗幔"。

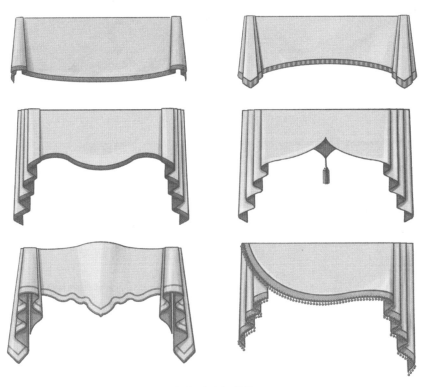

各式平板褶裥/旗幔

平板幔的装饰

镶边

当平幔造型是最简单的长方形时，可用同主布形成对比的面料或花边饰带做造型镶边装饰。

下摆包边

用第二块面料在下摆处做包边处理，布边用饰带、滚绳、穗边等辅料做收边装饰。

四周滚绳收边

用滚绳做布边四周收边处理，结合轮廓造型下摆加挂穗装饰。

双层露腰

双层结构，外层面料两腰处开衩，露出里层面料，里层可做褶裥造型。

三角巾

双层或多层结构，各种大小的三角巾单片参差排列，顶端缝合，下摆加花球装饰。

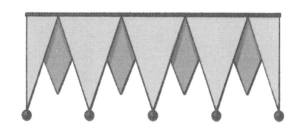

对花裁片

　　双层结构，外层为花布裁片（根据图案取花并造型），底层为素布，配以各种布边收边处理及花边辅料装饰。

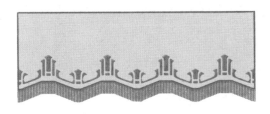

边饰花型面料定制

　　有些专门的带有边饰花型的面料，可直接用来制成平板幔。根据其花形裁剪下摆轮廓并配以穗边流苏。

定位绣花

　　先将素布设计裁剪好平板造型，后送至专业机构定制独幅图案定位绣花。

DIY 雕花贴

　　用多片面料结合其他板材（纸板、PVC 片）做电脑雕花处理并拼贴为一体，再用各色滚绳做轮廓勾边。

造型布帖

　　设计各种图案造型做布艺拼贴处理。可用贴布绣工艺，或将主题图案制成布偶后缝制在底板上。这种装饰多用于儿童房。

褶裥幔

褶裥幔的主体部分由各式的褶裥构成。前面章节中介绍的各种帘头上的褶裥造型，几乎都可以用在窗幔上。

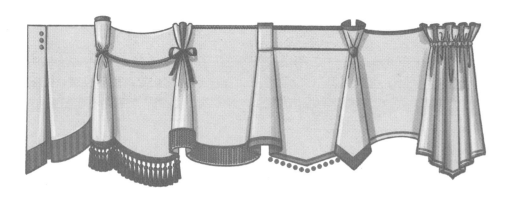

褶裥的种类

褶裥可分为明褶和暗褶。

明褶是向外凸出的褶裥，包括：独立式、抽带式和穿杆式。

- 独立式褶裥即造型独立且固定的褶裥（两裥、三裥、酒杯裥、欧式裥、箱式裥）。
- 抽带式褶裥和穿杆式褶裥的效果接近，都是细密而不固定的褶裥形态。
- 抽带式褶裥利用专门的辅料抽绳式衬带制作形成。
- 穿杆式褶裥是将面料通过套管紧密地穿套在窗帘杆上形成。

暗褶是内凹的褶裥，主要为反向的箱式褶，即俗称的工字褶。

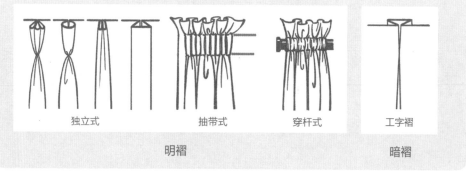

独立式	抽带式	穿杆式	工字褶
明褶			暗褶

褶裥平板幔

跟平板褶裥幔类似，都是"平板＋褶裥"结构，但褶裥在这里是造型的重点。

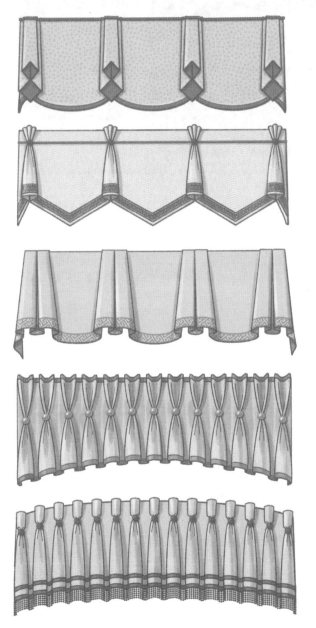

双层箱式褶裥平板幔

+ 波浪下摆造型
+ 上滚绳下包边装饰

三裥褶裥平板幔

+ 锯齿下摆造型
+ 滚绳腰线、扣饰
+ 下摆饰带镶边装饰

双子箱式褶裥平板幔

+ 波形下摆造型
+ 下摆饰带镶边装饰

沙漏形两裥褶裥平板幔

+ 拱形下摆造型
+ 珠扣、上下包边装饰

酒杯褶裥平板幔

+ 桥形幔身造型
+ 扣饰、下摆镶边流苏装饰

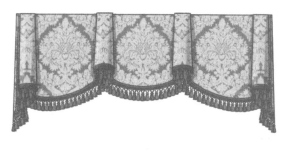

箱式褶裥平板旗幔

+ 面料对花

+ 边旗

+ 弧拱形下摆造型

+ 下摆穗边装饰

双子酒杯褶裥平板旗幔

+ 花型面料

+ 边旗

+ 波形下摆造型

+ 下摆穗边装饰

抽带褶裥幔与穿杆褶裥幔

抽带褶裥幔与穿杆褶裥幔是用抽绳式衬带制作或直接用面料穿套在窗帘杆上形成细密褶裥的幔型。

①这两种褶裥幔要做出好的效果都需要2.5倍以上褶裥比例的面料用量。

②因带有各种细密而自然的褶裥效果，非常适合表现出面料自身的柔垂质感。

③无论是用花型面料还是单色面料或者窗纱面料，搭配花边辅料都能出彩。

④加工工艺相对简单，对尺寸的精度要求相对不是最高，适用于各种窗型。

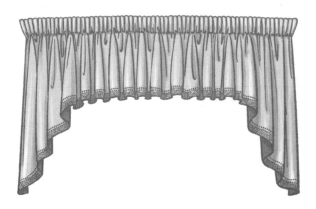

铅笔抽带褶裥幔

+ 拱形下摆连边旗造型

+ 下摆饰带装饰

拱顶抽带褶裥幔

+ 顶边荷叶边

+ 滚绳腰线

+ 花型面料

+ 下摆流苏装饰

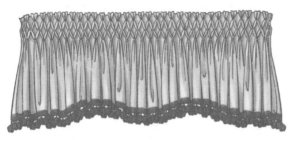

蜂窝抽带褶裥幔

+ 波浪下摆

+ 下摆穗边装饰

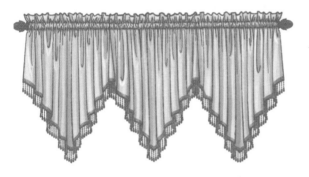

穿杆褶裥幔

+ 顶边荷叶边

+ 三角巾下摆

+ 下摆珠边装饰

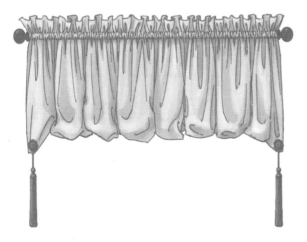

气球穿杆褶裥幔

+ 顶边荷叶边

+ 气球下摆

+ 下摆端角挂穗装饰

工字幔

工字幔全称"工字褶裥幔",是褶裥幔中最特殊的一种。工字褶属于暗褶,实质是反向箱式褶(Box Pleats),制作工艺相对简单,用料量较少,效果自然大方,因此也是最受欢迎、适用度最广的一款幔型。

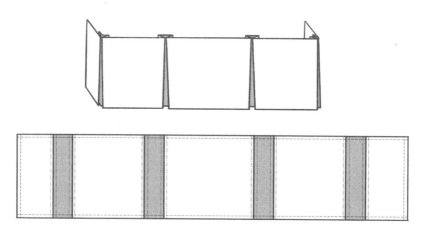

工字幔基本工艺

工字幔的结构简单,影响表面效果的关键是——褶裥间距。褶裥间距可大可小,对于不同宽度的窗户,不同疏密的工字褶会呈现出不同的装饰气质。

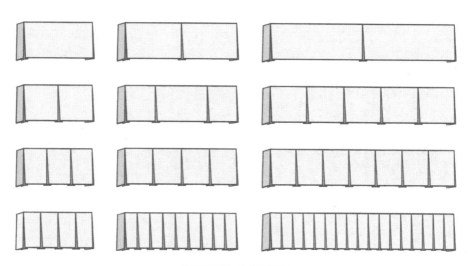

各种工字幔宽与褶裥间距

工字幔的款式与装饰

　　工字幔的款型除了褶裥间距的变化，外轮廓的造型也是设计重点，很多平幔的轮廓都可以用在工字幔上。在装饰上，各种镶边、包边、滚绳嵌边等是常用手法，而在工字褶裥内部选用不同面料与主布形成对比，是工字幔独有的设计亮点。

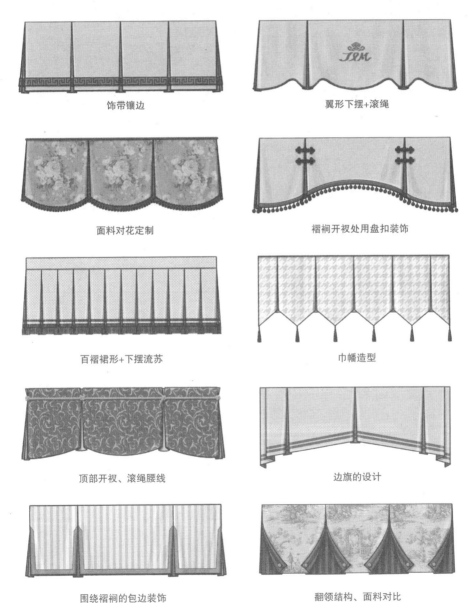

饰带镶边

翼形下摆+滚绳

面料对花定制

褶裥开衩处用盘扣装饰

百褶裙形+下摆流苏

巾幡造型

顶部开衩、滚绳腰线

边旗的设计

围绕褶裥的包边装饰

翻领结构、面料对比

波幔

波幔又叫"垂波幔",其幔身最主要的结构是垂波,经常搭配旗一同出现,因此也叫作"波旗幔"。波幔是所有窗幔中最精彩、复杂的一种幔型。垂波造型最能体现面料的柔美质感,也最能营造经典的欧式古典风格氛围。

波幔的演变

从古至今,波幔的造型及制作工艺在不断演化。最早的也是最简单的波状帷幔,只是搭挂在两个墙钩上的一块未经裁剪加工的方巾。

十九世纪,随着窗饰产品风格日趋华丽繁复,诸多精心设计制作的波幔出现了。其中有一款与罗马杆搭配的绕杆幔(也叫"甩幔")的经典款式流传至今。它貌似只是将面料自然地绕在罗马杆上,实则需经过精心的设计、裁剪、缝制、安装、整理才能达到完美的效果。

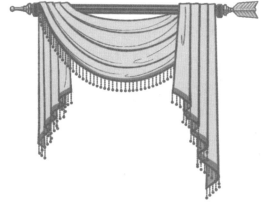

现今,波幔已不再只适用于古典奢华的室内环境,很多利用模板或立体裁剪的方式制作的简约款垂波搭配各种边旗造型的款式组合,可用于各种装饰环境及窗型。

同时,一些特殊造型的垂波款式仍然是很多窗帘企业或个人用来炫技的主题。

波幔的种类

　　与古代复杂的制版裁剪方式不同，当今主流的垂波都是独立裁剪的。单独裁剪的垂波幔可以多个连接、交叠，再与各种单独裁剪的旗组合成波旗幔。

　　如今常见的垂波是帝王式和金士顿式以及由它们衍生出的诸多变体。其他的特殊波形，都需要特别的裁剪或后加工技巧。比如：传统的联邦式属于波旗一体幔，传承了古法，是用一块布整体制版裁剪而成。

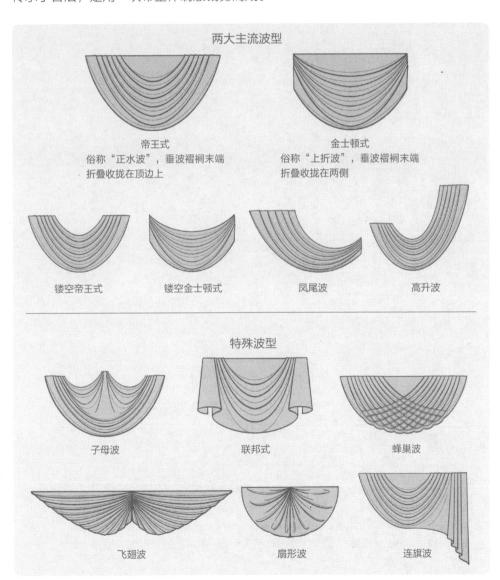

两大主流波型

帝王式
俗称"正水波"，垂波褶裥末端
折叠收拢在顶边上

金士顿式
俗称"上折波"，垂波褶裥末端
折叠收拢在两侧

镂空帝王式　　　镂空金士顿式　　　凤尾波　　　高升波

特殊波型

子母波　　　联邦式　　　蜂巢波

飞翅波　　　扇形波　　　连旗波

常规垂波的裁剪

垂波的裁剪有很多不同的手法，通常帝王式和金士顿式为了让波弧更圆润垂顺，会用45°斜裁的方式开料裁剪（梭织面料45°方向的垂性最好）；联邦式是波旗一体式裁剪，通常不会斜裁，成品尺寸也会受到限制。

常见垂波的裁剪图

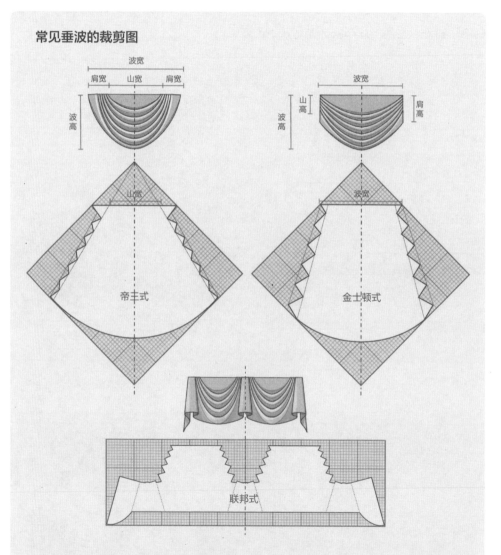

窗帘设计师在设计垂波时需要确认：波宽、波高（通常波宽大于波高）以及波折层数。另外，肩宽、肩高、山宽、山高这些数据也会影响外观效果。

旗的类型和裁剪

　　旗又叫"旗巾""耳旗",有边旗和中旗两种,是专门用于窗幔的左右两端或中间的结构连接位置的装饰造型。旗的本质是褶裥,可在各种幔型上出现,但最常见于波旗幔,旗与波的组合最为完美。

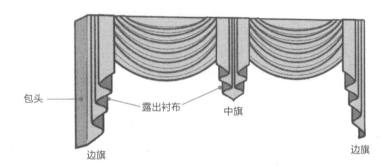

　　边旗分为左右两边,通常会带有侧边包头;中旗一般都是左右对称的形态。很多旗的造型都会有露出衬布的情况,因此衬布的选择对于这些旗来说非常重要。

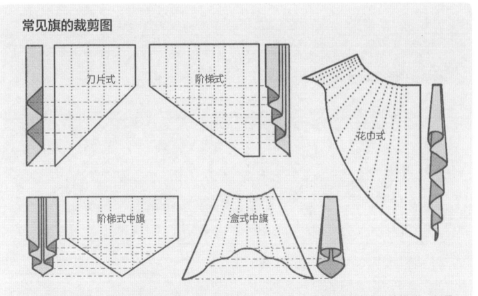

　　旗的款式也很多,制版裁剪相对比波要简单一些,比如常见的刀片式和阶梯式,都是比较规则的梯形裁剪。如果要做出一些比较自由随性的造型,比如花巾式,它们的裁剪就要复杂多了。

波旗幔的基本构成形式

波与旗有很多种组合变化。首先波与波可以并联、可以交叠、可以叠加，而波与旗又有"波压旗"与"旗压波"两种位置关系。在为不同窗型设计波旗幔时，具体选择怎样的形式，是窗帘设计师需要反复推敲和比较的。

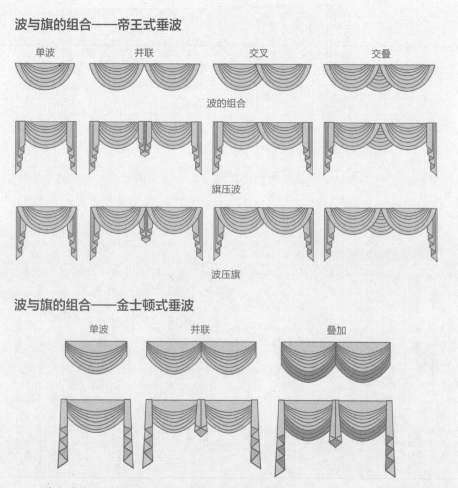

波与旗的组合——帝王式垂波

单波　　　　并联　　　　交叉　　　　交叠

波的组合

旗压波

波压旗

波与旗的组合——金士顿式垂波

单波　　　　并联　　　　叠加

- 帝王式波可互相交叉，让幔在宽度上有更多适应性。
- 帝王式波可前后重叠，以增加整体体量以及层次变化。
- "旗压波"有时可用于掩盖波的宽度尺寸短缺，俗称"波不够，旗来凑"。
- 金士顿波通常会用旗或装饰辅料来掩盖不够好看的褶裥收口。
- 金士顿波不可交叉、重叠，但可纵向叠加，此特性使它非常适合高窗。

波旗幔的常见款式与装饰

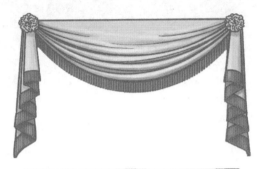

金士顿单波旗幔

+ 花球
+ 花巾式边旗
+ 下摆流苏装饰

联邦式双波旗幔

+ 下摆小波浪造型
+ 下摆包边装饰

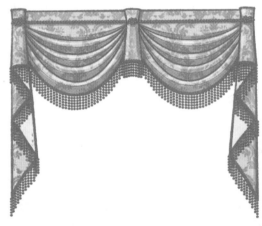

金士顿双波旗幔

+ 箱式褶裥
+ "大刀"边旗
+ 腰头滚绳装饰
+ 下摆流苏装饰

帝王式交叠双波旗幔

+ 斜边阶梯式边旗
+ 花盘装饰
+ 中间绳穗装饰

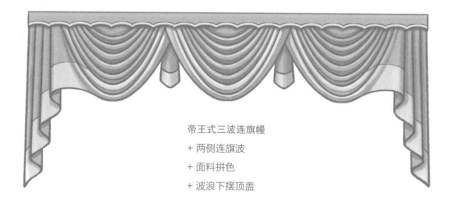

帝王式三波连旗幔

+ 两侧连旗波

+ 面料拼色

+ 波浪下摆顶盖

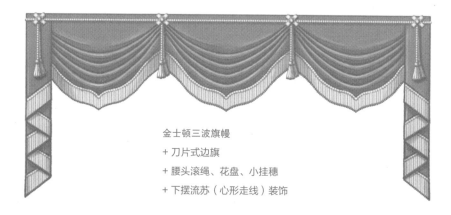

金士顿三波旗幔

+ 刀片式边旗

+ 腰头滚绳、花盘、小挂穗

+ 下摆流苏（心形走线）装饰

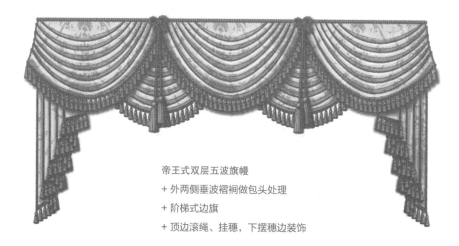

帝王式双层五波旗幔

+ 外两侧垂波褶裥做包头处理

+ 阶梯式边旗

+ 顶边滚绳、挂穗，下摆穗边装饰

帝王式交叠四波旗幔

+ 阶梯式边旗、中旗

+ 两种面料交替

+ 下摆穗边装饰

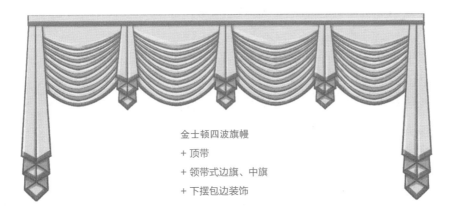

金士顿四波旗幔

+ 顶带

+ 领带式边旗、中旗

+ 下摆包边装饰

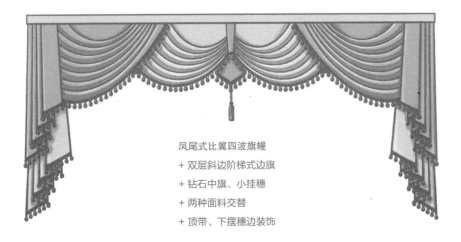

凤尾式比翼四波旗幔

+ 双层斜边阶梯式边旗

+ 钻石中旗、小挂穗

+ 两种面料交替

+ 顶带、下摆穗边装饰

复合幔

复合幔就是将平板、褶裥、垂波、旗这四种元素中的两种或以上进行有机组合的幔型。比如：平板褶裥幔、平板旗幔、平板波幔、平板波旗幔、褶裥旗幔、褶裥波旗幔等。

复合幔中最常见的是平板波幔和平板波旗幔，因为平板和垂波在形体上互补性最强，造型变化也最为丰富。

几乎所有的平板造型都可以叠加垂波。平板或盖于波上，或衬于波底，又或者与镂空波互为穿插，而在结构的收口与衔接处，再用旗、褶裥或绳穗补位，形成完美的造型组合。

各种平板与波的组合形式

复合幔的款式与装饰

中国风屋顶造型平板窗帘盒+垂波复合幔

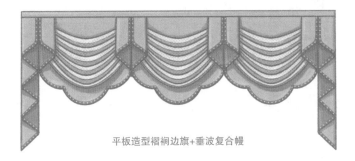

平板造型褶裥边旗+垂波复合幔

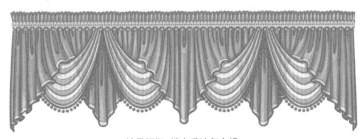

抽带褶裥+镂空垂波复合幔

欧式对花面料造型平板+镂空垂波复合幔

明杆幔

明杆幔，是指固定或悬挂在明杆（罗马杆、房挂墙钩）上的窗幔。在现代窗帘导轨发明之前，所有的窗幔都可以安装在明杆上，而如今绝大部分窗幔都安装于幔轨或窗帘盒上，只有一些特殊的幔款依然必须用罗马杆或房挂墙钩来构成款式造型，如各种绕杆幔（甩幔）、拱形房挂幔。各式造型精美甚至特别定制的明杆产品是这些特殊窗幔款式中不可或缺的重要部分。

明杆幔的悬挂与固定

明杆幔的工艺难点是如何将幔身安装固定在罗马杆或房挂墙钩上。安装方法很多，根据设计需要可以用常规的穿钩挂环、穿杆套杆的形式，也可以用绳带绑系、魔术贴粘贴（将魔术贴的一面固定在罗马杆上）。

在有限的条件下创造出极致的效果是窗帘设计时应该具备的思维方式。比如经典的甩幔，如果仔细观察就会发现，它并不是简单地将一整块有镶边花边的帘子叠出褶裥然后随意搭绕在罗马杆上就能成型的。

经典的甩幔

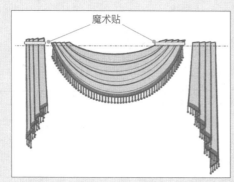

专业的做法是：根据最终成品效果将幔分为三块裁剪制作，最后再"正反正"相拼，缝合为一体。在接缝处缝制两条魔术贴，并通过它们将幔固定在罗马杆上，这才有了这看似随意的优美造型。

明杆幔的常见款式与装饰

定制铁艺房挂翼状波旗幔

高窗交叉波甩幔

房挂环形联邦式波旗幔

定制雕花罗马杆双波甩幔

假幔

假幔是指那些依附在帘身上的窗幔装饰。它们不像窗幔那样独立安装于幔轨或窗帘盒，严格来说它们不属于窗幔，而只是一种与帘身紧密结合的装饰，适用于一些因为各种原因不能使用窗幔但又需要增添造型和丰富性的现场。

常用于平开帘的假幔形式有两种：翻布式和波旗式。

翻布式假幔

在平开帘的帘头加一层翻布面料，顶部同帘身主布缝合，并参与褶裥造型。侧边及下摆通常不同主布缝合，自然分开，形成双层立体效果，下摆处加花边装饰。

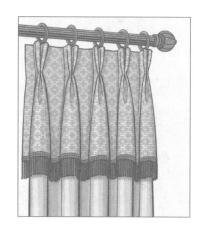

翻布式假幔适用于各种宽度的帘片，效果比帘身相拼更立体，更具形体层次感。

常见翻布式假幔形式

波旗式假幔

在平开帘帘头位置增添一个单独制作的镂空垂波或波旗组合。有两种固定形式：可以同帘片合为一体，将它的两端缝合在帘头两外侧的褶裥或布边上；也可以同帘片分开，在它的两端穿钩后挂在帘片以外的窗帘环上。

由于垂波的造型限制，波旗式假幔仅适用于宽度较窄的帘片。

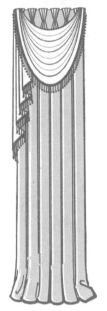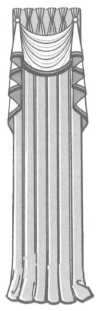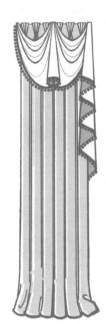

常见波旗式假幔形式

罗马帘的假幔

有些窗帘企业会在布艺罗马帘的帘头位置加一层或两层有下摆造型的布片，这也是一种假幔。但这种处理对于安装在窗框外的罗马帘来说，并不能克服其帘头单薄、不易平整、露出轨道、侧漏光等弱点，而且工艺角度也易显得廉价粗糙，因此不建议使用。

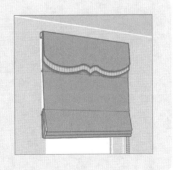

第 6 章
窗帘设计师的日常

有哪几种窗帘设计师?

目前在室内装饰行业内,主要有四类企业会设置针对窗帘定制业务的窗帘设计师岗位:软装设计企业、装饰面料企业、窗帘零售企业和家居零售企业。这些企业的主营项目及营运模式不同,所以他们的窗帘设计师岗位职能的侧重也会有所不同。

软装设计企业

各种室内软装设计公司,主营室内装饰设计的软装配套部分。这里的窗帘设计工作多为软装设计师兼任,但一些专业程度较高的软装企业会设立专门的窗帘设计师岗位,工作职责是配合项目的硬装、软装方案完成窗帘部分的设计与交付。

装饰面料企业

各种装饰面料厂家或品牌公司,主营装饰面料的生产、组织及供应。这里的窗帘设计师主要负责将自身面料产品制成窗帘成品的相关设计。比如:店面或展厅的出样陈列设计,成品化输出的产品标准设计。偶尔也会帮助经销商做一些重点客单项目的方案设计。

窗帘零售企业

各种窗帘店面或窗帘设计工作室。主营窗帘商品零售,有些也会兼带壁纸、涂料、家纺床品等"姊妹"商品。这里的窗帘设计师的工作相对最为纯粹直接,项目大多是直接面对终端零售客户的窗帘定制,小部分是服务于上游硬软装设计公司。

家居零售企业

各种家具店、综合家居店,主营家居产品零售。在这些店里,窗帘虽是配角,却是刚需商品。其售卖难度高于其他家居商品,其他商品的售卖均可由普通销售人员解决,但窗帘要卖得好,一定需要专门的窗帘设计师。

窗帘定制业务的其他相关岗位

窗帘定制业务需要多个岗位分工合作，不同的企业会有不同的组织构架及岗位细分。行业内除了窗帘设计师以外，大致还有以下一些相关的岗位及职能。

营运经理
负责窗帘业务板块的整体营运管理。在零售店面一般就是店长的岗位。

销售顾问
负责日常客服接单、报价签单、订单跟踪、售后服务等商务工作。

设计助理
配合窗帘设计师做订单相关的辅助工作。

商品专员
负责窗帘相关商品管理，根据订单提供商品信息、执行商品采购。

跟单专员
负责窗帘订单的审核、派单以及生产跟踪。

仓管物流专员
负责生产资料及窗帘成品货物的收发、仓管、测量安装及物流派单。

测量安装技师
负责窗帘项目的前期测量及后期安装。

窗帘制版师
负责窗帘产品的裁剪、派单，以及复杂款式的制版打样。

窗帘缝纫技师
负责窗帘产品的具体生产制作。

很多企业没有这么细致的岗位分工，往往需要"一专多能"，或者将测量安装、生产加工等工作外包解决。岗位可以精简，但所有这些需要密切衔接配合的工作却一点都精简不了，需要做好专业、细致、缜密的流程管理。

一位驻店窗帘设计师忙碌的一天

有的企业的窗帘设计师工作内容相对简单，有的相对复杂，但一专多能的设计师总是有更强的竞争力，我们以最为典型的窗帘企业驻店设计师一天的工作时间表为例，来看看作为一个技能全面的窗帘设计师日常都要做哪些工作。

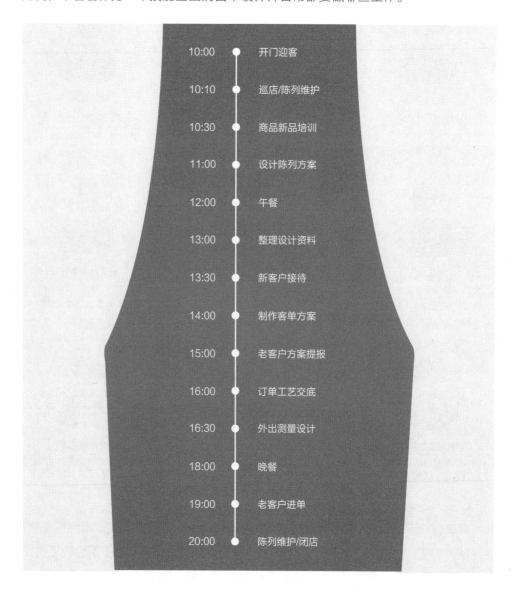

10:00	开门迎客
10:10	巡店/陈列维护
10:30	商品新品培训
11:00	设计陈列方案
12:00	午餐
13:00	整理设计资料
13:30	新客户接待
14:00	制作客单方案
15:00	老客户方案提报
16:00	订单工艺交底
16:30	外出测量设计
18:00	晚餐
19:00	老客户进单
20:00	陈列维护/闭店

驻店窗帘设计师有哪些主要工作？

参加商品培训

参加各种供应商提供的商品的相关信息及知识的培训，是窗帘设计师获取详细的商品资料，建设"自己的商品弹药库"的基础工作。

陈列维护

设计师应主导店面或展厅日常的陈列维护，要让所有商品的展示效果始终保持最佳状态。

日常客户接待

即便有销售顾问的岗位，窗帘设计师也应该尽量多参与前端客户接待，这是了解客户需求、积累客服经验的好途径。

设计师

设计陈列出样方案

窗帘设计师需参与店面或展厅商品（尤其是新品）出样的陈列设计。这是对自身设计手法及主营商品运用的一次演练。

客户进单

当客户签单进单时，窗帘设计师需要同客户仔细核对并确认方案和报价明细。签订销售合同收取首付款后，正式开始执行订单。

交付安装

窗帘设计师应尽量主导每个项目的安装交付，在完工现场收获成就与经验。

整理设计资料

通常在没有客服任务时，窗帘设计师就应该整理设计资料。需要制订一个细化到每周甚至是每天的工作计划，养成长期习惯。

现场测量设计

窗帘设计师应尽量参与项目现场的勘测，并在实地同客户进行设计沟通、选品看样。现场设计是最直接高效的设计工作方式。

制作客单方案

制作客单方案是窗帘设计师最重要的专业工作。但应制定规范，已收取设计定金、完成初期测量及设计沟通的项目，才开始进入方案设计阶段。

设计方案提报

设计方案提报是订单成败的关键。成熟而全面的窗帘设计师必须锻炼成专业的宣讲者，能将自己的设计方案完美地呈现给客户。

工艺交底及跟单

窗帘设计师同生产方沟通确认订单中产品的工艺细节，并参与复杂款式的打样。这些都是确保方案成功交付的必须工作。

一个窗帘定制项目的完整流程

如何轻松定制您的窗帘

1 获取灵感，初步确定窗帘款式及面料，并预约上门设计测量

参观我们的店面，浏览我们为您准备的窗帘设计指南，或者咨询我们的窗帘设计师，他们会帮您初步确定您希望定制的窗帘款式，并根据您的喜好及室内装饰风格初选面料。

2 现场测量窗帘及轨道具体尺寸，并再次确认窗帘款式

我们的测量技师和设计师会在约定的时间到现场进行尺寸测量，并同您在现场继续沟通窗帘款式及安装的细节问题。如果您需要，设计师也可将您初选的面料小样带去，现场再做比对。

3 确定最终款式及面料方案，核算用料及价格

我们的设计师会向您提供窗帘的设计方案及报价清单。并同您一起仔细核算用料及价格，直到您满意。

4 确认下单，并确定窗帘安装日期

当您确认下单时，须至少支付总订单金额的50%。随即，您的窗帘订单开始生产。窗帘的标准生产周期为15天。

*如您选购的面料或轨道等有期货商品，则订单周期还会加长（我们会事先与您确认）。

*您可以在订单生产过程中向我们了解窗帘的生产加工情况，我们乐于将生产进度通过照片的形式发给您。

5 结清尾款，出货安装

在与您约定的安装日期之前3天，我们会联系您，再次确认安装日期及具体时间段。您需要在出货安装之前结清尾款。

*如原先约定的时间有变，须至少提前3天告知我们，并重新约定时间。

*窗帘安装时，请您尽量确保现场已做好保洁。

*以上为窗帘店内向客户展示的定制窗帘流程内容，窗帘设计师的工作贯穿其中。

窗帘设计师如何接待客户？

在每一单窗帘定制业务中，企业都向客户同时提供两方面的服务。

技术服务　选品、设计、定制、测量、安装。

商务服务　接待、导购、报价、合同、售后。

有些企业会将这两方面工作做岗位分配：商务服务部分由销售顾问负责，技术服务中最主要的设计相关部分交给窗帘设计师，测量安装工作可以外发。但如果只选择一个岗位来主导全部工作的话，那肯定是设计师更能胜任，因为整个窗帘定制业务的核心是设计。一名成熟的窗帘设计师一定兼备设计能力和销售能力，而对于欠缺销售能力的新手，可以通过一些销售辅助工具（表单、展板）来助力。

窗帘设计师的销售技巧

真诚的沟通
- 无论线上线下，始终抱着诚挚的服务精神与客户平等交流。
- 尊重客户的同时保持实事求是的态度，不为了讨好客户而夸大其词。

善于发现问题
- 设计一份自己的售前意向问卷，用来快速了解客户基本需求。
- 尽量多地在项目现场与客户做设计沟通，这往往更容易发现问题。

专业的解答
- 对客户常见问题做一份自己的"一问一答"，并不断完善它。
- 对可预判的问题一定要事先明确告知客户。

切记，事先告知是专业，事后告知是诡辩！

做产品专家
- 对经营商品的信息了如指掌，能充分展示商品的特性、卖点。
- 精通窗帘定制业务相关知识，由此建立专业自信去赢得客户的认可。

清晰的报价
- 明码标价，制作定制窗帘价格明细展板让客户了解商品及服务的价格。
- 通过案例及相应造价清单让客户更直观地对整体造价及预算有清晰的认识。

及时解决问题
窗帘定制环节众多容易出错，需谨慎细致，严格根据流程操作。一旦出现问题，应保持冷静，第一时间响应，并尽最大努力去妥善解决。良好的售后处理能力也是销售技能中重要的一部分。

第 7 章
项目现场勘测与设计

在项目现场勘测设计要做哪些事？

现场勘测设计的工作分为两个部分：勘测和设计。

现场勘测 是窗帘定制业务中必不可少的工作，是量身定制中"量身"的步骤。勘测非常重要，没有正确的勘测，就无法做正确的设计！很多企业会将它与安装的工作外包给第三方的测量安装技师。但作为更专业负责的窗帘设计师，这两个工作都应该亲自上门参与或指导（除非是很小且有足够把握的项目）。

现场设计 是窗帘设计师在项目现场跟客户直接交流产品需求和设计意向。针对现场每个窗户，都可以当场通过意向图片或设计草图向客户展示设计方案。而一些面辅料选品也可以在现场很直观地验证实地效果。经验丰富的窗帘设计师往往可以在现场非常高效地完成意向设计并同客户达成共识。

1 测量窗帘/窗饰制作及安装的相关尺寸
窗户尺寸、墙面尺寸、窗帘盒尺寸等

2 勘测窗帘/窗饰基础安装条件
侧装/顶装、基底材质、电源走线等

3 记录影响窗帘/窗饰安装/使用的因素
窗户开启方式、把手位置、窗框尺寸等

4 记录影响窗帘/窗饰材料运输的因素
门、通道、电梯、楼梯空间尺寸等

5 拍照记录每处产品需求点位详图
窗户及空间正视图、侧视图、安装位置图等

6 拍照记录影响窗帘/窗饰选品选款的现场因素
硬软装造型、材质、色调等

7 沟通确认每处窗帘/窗饰的客户意向
功能需求、审美喜好、使用习惯、造价与预算等

8 现场通过草图或案例图片同客户确定款式意向

9 现场比对客户前期意向面辅料选品的实地效果

现场勘测

现场设计

在不同项目现场可以完成哪些工作？

室内装修项目的施工进度有三个节点：硬装毛坯、硬装完工和软装进场。

装修期间的每个阶段客户都有可能开启窗帘定制业务，需要上门勘测设计。但不同进度的现场可完成的勘测和设计工作不同，因此常有些项目需要多次上门复测。

硬装毛坯

窗户或顶面/地面硬装施工未完成

- 此阶段无法测量出窗户、墙体的精准尺寸，需后续复测。
- 此阶段如需向客户提供报价，可用"毛尺寸"做预估报价。
- 此阶段上门的优点是：可以前期介入窗帘/窗饰安装相关硬装事宜。如窗帘盒的规格设定、电动/智能系统布线、重型窗帘安装面加固、嵌入式导轨的预制安装。

硬装完工

窗户或顶面/地面硬装施工已完成

此时现场硬装装饰造型、色调、材质等风格元素已呈现。

- 此阶段可以测量出窗帘/窗饰成品的规格及安装的相关精准尺寸。
- 此阶段现场的硬装装饰元素可以为窗帘/窗饰的初步设计提供方向。
- 可在现场设计意向款式并测量计算出精确成品尺寸，可精准报价。
- 一些无法当场设计款式的窗户，可采集详尽的信息回去深入思考设计。

软装进场

木质家具、软包家具、灯具饰品、地毯家纺等部分或全部进场

- 此阶段现场的"型、色、质"风格元素逐步清晰，窗帘/窗饰的设计方向愈发明确。
- 此阶段在现场做窗帘面辅料选样比对，效果一目了然。

除了常规装修项目，还会有一些室内局部改造或单纯的拆换窗帘项目。这些项目的现场通常都有较完善的硬装软装基础，因此勘测和设计工作相对更为简单。

上门测量前的准备

- 同客户再次确认上门时间，核实地址。
- 同客户确认工地现场大致情况，确定是否要带高梯等特殊测量工具。
- 检查上门测量工具包，按需携带工具。
- 通过图纸预先了解项目现场空间布局及大致工作量。
- 准备好给客户看的相关资料以及初步商品选样样品。

现场勘测设计相关工具

① 钢卷尺（通常选用5m、3m的）　⑤ 激光红外线测距仪
② 测量记录本、水笔、铅笔　　　⑥ 墙体探测仪（勘测安装位置，避开电线、钢筋）
③ 手套、安全帽、鞋套、毛巾　　⑦ 手机（现场拍照记录用）
④ 人字梯（短梯、高梯）　　　　⑧ 平板电脑及配套笔（现场设计用）

测量窗帘、窗饰的两种方式

采集项目现场窗帘/窗饰相关数据的方式有两种：测量墙体/窗体的基础尺寸，测量并计算窗帘/窗饰的成品尺寸。

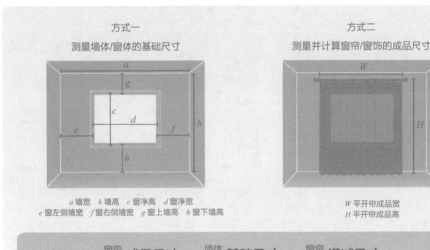

方式一　
测量墙体/窗体的基础尺寸

方式二　
测量并计算窗帘/窗饰的成品尺寸

a 墙宽　*b* 墙高　*c* 窗净高　*d* 窗净宽
e 窗左侧墙宽　*f* 窗右侧墙宽　*g* 窗上墙高　*h* 窗下墙高

W 平开帘成品宽
H 平开帘成品高

$$\text{窗帘/窗饰 成品尺寸} = \text{墙体/窗体 基础尺寸} \pm \text{窗帘/窗饰 增减尺寸}$$

- 墙体/窗体基础尺寸是工地现场的各种硬装原始尺寸。设计师可以依据这些尺寸按1:1比例设计制图，并在此基础上设计窗帘/窗饰的款式、规格、安装方式。
- 窗帘/窗饰成品尺寸是设计师现场设计并确定窗帘/窗饰的具体款式、安装方式及位置后，直接测量计算出来的尺寸数据，并以此数据指导后续的生产加工。
- 增减尺寸是由窗帘/窗饰的具体款式、安装位置以及轨道的规格所决定的。款式不同、安装位置不同、轨道规格不同，所需的增减尺寸不同。

方式一是纯粹的测量工作，方式二需要现场设计。方式二肯定更高效。经验丰富的设计师主导测量工作，可以当场确定每个窗户的窗帘/窗饰的款式、安装方式、轨道规格，然后直接测量计算出商品成品尺寸。但这样的理想状态很多时候是做不到的，更多的情况是：两种方式并行，有的记录窗户原始基础尺寸，有的记录成品尺寸。而这就容易混乱，两种尺寸的混淆是很多与尺寸相关的售后问题的根源。因此，必须在测量单上非常明确地标注每处窗户测量采集的数据是基础尺寸还是成品尺寸。

一张标准化测量单

销售单位		销售人员	
项目名称		联系方式	

测量说明：

半高窗　　　　　　　　　　落地窗

- 默认所有测量尺寸均为现场原始净尺寸(不做任何扣减)。
- 以上图示以外的特殊窗型，需在"附图"中另行绘制并标注测量尺寸。
- 如现场有家具、空调、暖气片、电器开关等会影响窗帘安装及使用的特殊情况，需在"备注"项说明或"附图"标注。

序号	空间/位置	窗户类型	开窗方式	墙尺寸(cm)		窗尺寸(cm)		窗位置(cm)			
				①	②	③	④	⑤	⑥	⑦	
		半高窗□ 落地窗□ 飘窗□ 落地飘窗□ 其他□ （附图＿）	内开□ 外开□ 平移□ 折叠□ 其他＿＿＿								
		半高窗□ 落地窗□ 飘窗□ 落地飘窗□ 其他□ （附图＿）	内开□ 外开□ 平移□ 折叠□ 其他＿＿＿								
		半高窗□ 落地窗□ 飘窗□ 落地飘窗□ 其他□ （附图＿）	内开□ 外开□ 平移□ 折叠□ 其他＿＿＿								

附图1	附图2	附

测量人员签名		联系方式	

落地飘窗

窗帘箱/盒

①墙净高 ③窗净宽 ④窗净高 ⑤窗左侧墙宽 ⑥窗右侧墙宽 ⑦窗上墙高 ⑧窗下墙高
Ⓐ飘窗左侧边 Ⓑ飘窗右侧边 Ⓒ飘窗内宽 Ⓛ窗帘箱/盒长 Ⓗ窗帘箱/盒高 Ⓦ窗帘箱/盒宽

	窗帘箱/盒尺寸(cm)			安装面材质	备注
Ⓒ	Ⓛ	Ⓗ	Ⓦ		
				实墙□　石膏板□ 木质□　其他＿＿	
				实墙□　石膏板□ 木质□　其他＿＿	
				实墙□　石膏板□ 木质□　其他＿＿	

附图4

测量单号

客户签名

*这是一份通用于第三方测量安装服务平台的测量单模板，它避免了容易因测量人员能力差异而造成的差错（设计内容），而将工作聚焦在原始基础尺寸的测量记录上。

窗帘设计的工作从现场开始

明确标准化测量单中的数据可以解决大部分项目的基础尺寸测量问题，但却无法解决更为关键的设计问题。如果一名专业的窗帘设计师在项目现场，那就应该是以设计为中心来主导工作，大致的工作流程是：获取设计资料→现场设计→根据设计结果做测量和记录。

窗帘设计师现场勘测设计工作常规流程

获取设计资料	沟通了解客户对于每一处窗户的需求 功能需求/使用习惯/审美喜好	• 是否有遮光、遮隐、隔音、保温等需求 • 日常开合使用频次及使用人员 • 是否已有意向款式
	勘测评估每处窗户的安装条件 可以安装哪些窗帘/窗饰款式	• 适合什么样的产品或产品组合 • 适合什么样的安装方式 • 安装面材质是怎样的 • 有无阻碍产品安装或使用的情况

现场设计	现场构思设计款式方案 既满足客户需求 又符合现场安装条件	• 产品款式： 平开帘/升降帘/窗幔/成品窗饰/组合 • 安装方式： 顶装/侧装、框内/框外、窗幔正贴/反贴 • 产品造型： 平开帘单开/双开/其他造型 • 规格细节： 平开帘下摆离地/拖地、外侧边有无包头、升降帘及成品窗饰操控在左边还是右边、房挂墙钩定在什么位置
	向客户展示款式方案 当场绘制款式效果草图 或展示意向案例图片	

客户确认 / 暂无结果

测量记录	测量并计算窗帘成品尺寸 确定安装方式及位置 窗饰类商品需联系供应商复测	测量记录详细基础尺寸 后续深入设计

窗帘成品尺寸的测量与计算

1　现场已有窗帘导轨，做常规褶裥式平开帘

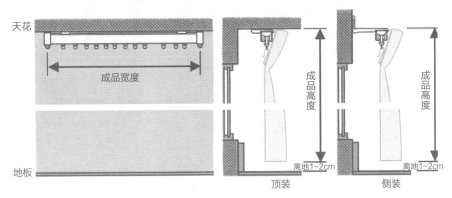

成品宽度 = 轨道两端挂环之间的距离（对应平开帘左右两端褶裥之间的距离）

成品高度 = 天花/导轨顶边至地面的距离－离地高度

* 离地高度：常规平开帘下摆都会离地1cm（布帘）或2cm（纱帘），在计算成品尺寸时需扣减。古典风格的帘片下摆可以做成拖地15～30cm，在计算成品尺寸时需增加此量。

* 当选用导轨又无窗帘箱时，一般都会用帘头遮住导轨，因此成品高度从导轨顶边量起。

2　现场已有侧装罗马杆，做常规褶裥式平开帘和打孔帘

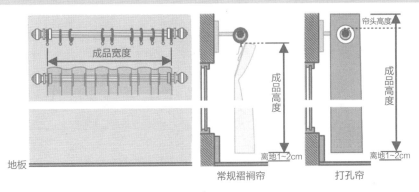

褶裥式平开帘成品宽度 = 罗马杆两端（安装支架外侧）挂环之间的距离

褶裥式平开帘成品高度 = 窗帘环下端至地面的距离－离地高度

打孔帘成品宽度 = 罗马杆两端安装支架外侧之间的距离

打孔帘成品高度 = 罗马杆顶部至地面的距离－离地高度+帘头增量

* 打孔帘的帘头增量：打孔帘穿杆后高出罗马杆的部分，通常为5～10cm。

3 现场有窗帘箱（默认窗帘导轨顶装），做常规褶裥式平开帘

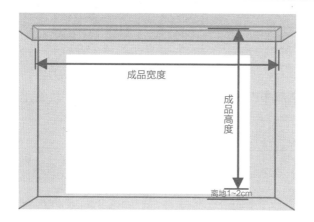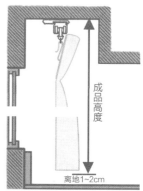

成品宽度 = 导轨两端挂环之间的距离 ≈ 窗帘箱总长度

成品高度 = 天花至地面的距离 − 离地高度

* 现场有窗帘箱时，通常都会依据窗帘箱的尺寸将窗帘宽度做满。

4 现场无窗帘箱，有顶装导轨／侧装导轨／侧装罗马杆，做常规褶裥式平开帘

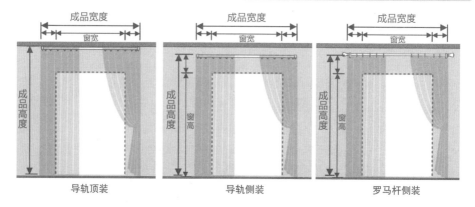

顶装导轨／侧装导轨／侧装罗马杆平开帘成品宽度 = 窗宽 + 两侧安装位增量

顶装导轨平开帘成品高度 = 天花至地面的距离 − 离地高度

侧装导轨／侧装罗马杆平开帘成品高度 = 窗高 + 窗上安装位增量 − 离地高度

* 现场无窗帘箱时，窗帘成品尺寸的计算通常以窗宽／窗高为基础，然后加上安装位增量。

* 两侧安装位增量：平开窗帘要比窗户宽，通常两侧各宽出不少于15cm。

* 窗上安装位增量：平开窗帘高度安装位置一般处于窗户上方墙面高度的二分之一以上。

5 做布艺升降帘、成品窗饰、绷帘、半帘……

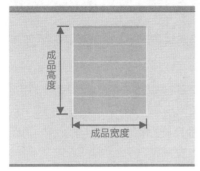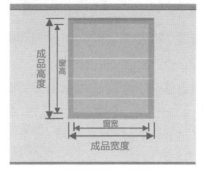

安装于窗框内（顶装）　　　　　　安装于窗框外（侧装）

框内安装布艺升降帘/窗饰成品宽度 = 窗宽 - 两侧安装扣减量

框内安装布艺升降帘/窗饰成品高度 = 窗高

框外安装布艺升降帘/窗饰成品宽度 = 窗宽 + 两侧安装位增量

框外安装布艺升降帘/窗饰成品高度 = 窗高 + 上下安装位增量

* 框内安装布艺升降帘或成品窗饰的两侧安装扣减量通常为左右各 0.5 ~ 1cm。

* 成品窗饰类商品规格及安装要求较复杂，通常都会让相关供应商上门复测。

* 绷帘、半帘等商品先确定轨道款式、安装方式及安装位置，再由安装位置测量计算出成品尺寸。

6 窗幔

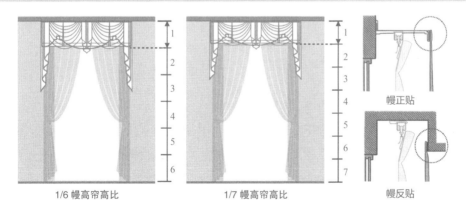

1/6 幔高帘高比　　　　1/7 幔高帘高比　　　幔正贴

幔反贴

当有窗帘箱/盒时，窗幔的成品宽度 = 窗帘箱/盒长度

当用幔轨时，窗幔的成品宽度 = 窗宽 + 左右各 2 ~ 5cm（幔宽略大于帘宽，效果好看）

常规窗幔主体部分（不含边旗）的高度占窗帘总高的 1/6 ~ 1/7 之间最为合适

* 平开帘通常总高度大于 270cm 才适合加窗幔。升降帘没有太多限制，大都可以加小窗幔。

* 对于复杂窗型，窗幔成品尺寸没有什么标准，需要通过图纸或 1:1 放样来推敲尺寸大小。

* 除了尺寸以外，下单前还要确定窗幔的安装方式是正贴还是反贴。

现场的摄影记录

拍摄照片和视频是必不可少的现场信息采集手段。拍摄的内容主要分两类：窗户信息和材质信息。

窗户信息 每扇窗（以及每处需要做窗帘的位置）的全貌、窗帘安装位置的特写以及一些会影响设计的特殊情况。这些都是帮助确定窗帘/窗饰款式、安装位置及方式必不可少的画面信息。

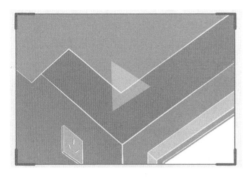

安装位置特写

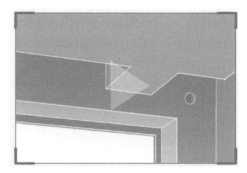

特殊情况记录

将一些较复杂的安装位置，尤其是会影响到后续窗帘/窗饰款式设计的特殊情况（如硬装的一些不合理现状）用视频或图片详细记录下来。这些特殊情况也要及时告知客户，并商议解决方案。

拍摄时应当注意以下几点。

①**取景完整**。尽量将窗户及其所在墙面整体都摄入画面，并能看到天花、地面及两边侧墙。如不能完整取景至少应将窗户拍全，正视图侧视图皆可。

②**构图中正**。画面不能歪斜，诀窍就是：开启井字取景框将其作为辅助参考线，微调镜头角度，仔细使画面中的窗框侧边、墙角线等垂直线保持垂直状态。

③**画面干净**。为提升画面美感，要养成拍摄前清理现场环境的工作习惯，如有无法清理的物件可选择恰当的拍摄视角，尽量避开。

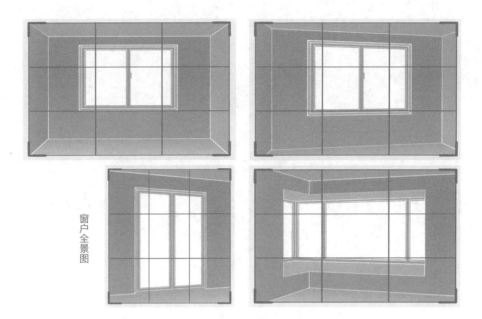

窗户全景图

材质信息　现场硬装软装的整体效果以及各种局部（墙面、地板、天花、门窗套、装饰线条、灯具/家具饰品等）的造型、材质、色调。这些现场"型、色、质"元素都是选择窗帘/窗饰及面料辅料时的直接参考依据。

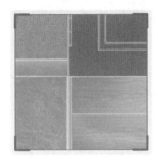

硬软装物料图　　　　　　　　　　　　商品预选效果记录

- 选择合理的局部构图，记录硬装墙面、地面、门窗及其他装饰面的材料面貌，以及软装家具、灯具、饰品等，尤其是纺织品的材质情况。
- 将一些意向商品带到现场实地比样，并将效果拍下来。这是最直观的设计方式，很多商品一放入现场环境中便知道合适与否了。
- 养成良好的工作习惯，每次现场勘测设计完成后，整理所有的照片及视频，优化构图及曝光。然后整理归档，收入"弹药库"中"自己的案例"相关工作文件夹。

第 8 章
窗帘设计方案

什么时候需要窗帘设计方案？

窗帘设计方案是用来向客户展示项目中每一处商品需求点的具体窗帘/窗饰商品的推荐款式与选材的专业文件。并不是每个项目都需要提供设计方案，这主要与具体售卖的窗帘商品的属性有关。

窗帘商品属性与设计方案的关系

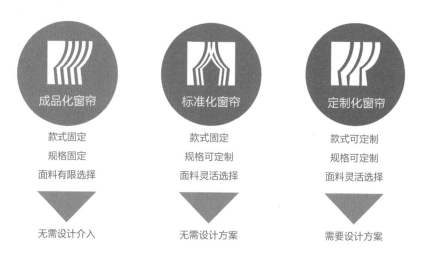

- 当售卖的商品是款式单一、只有几种固定规格和面料选择的成品化窗帘时，商家几乎无须向客户提供设计服务，普通销售人员即可完成导购。

- 当售卖款式固定，但可根据客户需求定制尺寸及选择面料的标准化窗帘时，经过专业培训的销售顾问可向客户提供款式推荐、选料、算料等导购服务，原则上不需要向客户提供窗帘设计方案，通过商品销售清单即可售卖商品。

- 只有当窗帘商家向客户售卖从选款式、规格到选料全面个性化的定制化窗帘时，才必须提供设计服务，由窗帘设计师制作专业的窗帘设计方案。

- 很多时候客户购买的窗帘商品性质复杂，既有成品化、标准化窗帘，又有定制化窗帘，这时商家也应该提供窗帘设计方案。

窗帘设计方案的两种类别

窗帘设计方案的形式多种多样，但根据它们起到的作用可分为两类：意向方案和执行方案。

窗帘设计方案的作用

促进成交
窗帘并非像家具、床品那样是"所见即所得"商品，商家需要通过设计方案让客户直观地了解所购商品的预期效果，对效果满意（同时认可价格）才能成交，这是窗帘设计方案的首要目的。

指导交付
为了确保产品最终能够成功交付，好的设计方案还必须能够翔实无误地指导生产。这是专业设计方案更为重要的作用。

不同的窗帘企业对于窗帘设计方案的这两个作用会有不同侧重。很多企业和设计师把更多的精力都放在了如何快速成交上，做出的设计方案大都是意向方案，用款式意向图去搞定客户，为后续的生产交付留下了许多问题和风险。

而真正专业的设计方案一定是可以精确指导生产、保障交付的执行方案，俗称"可落地方案"。它的核心内容是真实的产品加工图纸，其中的款式效果图也是建立在此基础上。这样的设计方案的技术要求和制作成本都比较高。

两种窗帘设计方案的内容构成

意向方案
项目信息
款式意向图
面料、辅料、轨道选样

执行方案
项目信息
产品加工图纸
款式效果图
面料、辅料、轨道选样

一份专业的窗帘设计方案

一份窗帘设计方案包含所设计项目的所有商品需求点的具体选款/选品内容，原则上每个空间（或每个商品需求点）一个页面。还有兼顾促进成交与指导交付的专业窗帘设计方案页面，除了基础的项目信息以外至少应该包含三个内容：款式效果图、产品加工图纸、商品选样明细。

款式效果图 设计方案中最核心的部分！根据客户需求以及项目实地的空间尺寸、安装条件，量身定制商品款式造型及材料选样，尽量做成按照真实比例关系还原的模拟效果，以呈现给客户最直观的、接近"所见即所得"的预期效果。

款式效果图的制作方法可以是手绘，也可以是软件辅助制图。既可以是简单的白底

模拟实景的款式效果图

窗帘款式效果图，也可以多花一点功夫将这个款式图放在客户的实际场景（实景照）中。

产品加工图纸　将所设计的窗帘/窗饰产品的具体款式造型、尺寸规格、制作要求等，用真实的比例完整地绘制出来，以便精确地报价以及指导生产加工。可以用借助比例尺手绘的方式制图，或者用CAD等专业软件电脑制图。

*这份加工图纸是从设计角度出发，将设计师需要的成品效果要求表达清楚。它不需要达到像裁剪加工用的打版图那样的制作级精细度。在具体实施加工前，往往还需要跟裁剪师就一些生产细节问题进行交底沟通。

商品选样明细　将主要材料选品（不能直接看到的生产辅料不包括在内）的具体商品名称、图片、型号信息呈现在页面中。要做到信息准确完整、图片精美真实。

窗帘设计方案的平面版式根据设计师的喜好及方案承载媒介的具体情况来设计，还可按需增加一些页面装饰及设计说明等内容，企业应设定自己的标准模板。

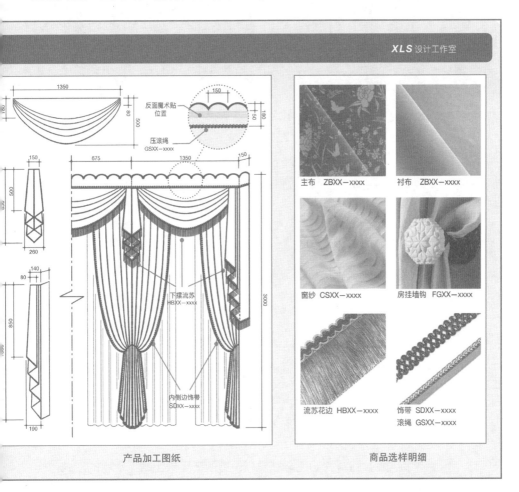

产品加工图纸　　　　　　　　　　　　商品选样明细

实景款式设计草图

专业窗帘设计方案的制作成本较高，尤其是最核心的款式效果图的绘制，技术要求高又耗费时间。所以应该在同客户达成初步款式共识之后再投入精力制作。如何与客户达成初步的款式共识呢？有很多方法，比如借助"弹药库"中的款式意向图片，但这并不直观，更为专业高效的方式是绘制实景款式设计草图。

同一个窗型的多种款式设计草图

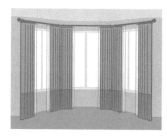  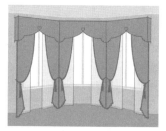

| 转角罗马杆+分段式相拼布帘+窗纱 | 工字幔+分段式包边装饰布帘+框内卷帘 | 平板造型幔+分段式扎起造型布帘+窗纱 |

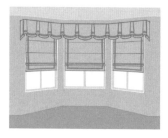 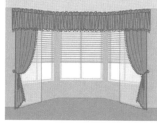 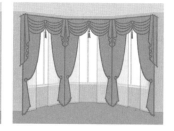

| 镶边装饰褶裥幔+框内镶边装饰罗马帘 | 抽带褶裥幔+两片式布帘+窗纱+框内成品帘 | 吊穗波旗幔+分段式房挂固定造型布帘+窗纱 |

在项目初期，设计师用平板电脑直接在现场照片上快速描绘出各种款式想法，并同客户讨论沟通。先向客户展示不同的款式意向，经比较筛选后再逐步深化比例关系、装饰细节等。

设计师们需要在日常积累各种窗型的窗帘/窗饰产品造型解决方案，并进行长期的草图表现练习。

如今，原本纸上手绘的方式已逐渐被更加便捷的在平板电脑上手绘的形式替代，不仅提高了效率还可以在勘测现场直接用款式草图来做设计沟通。

窗帘方案设计流程

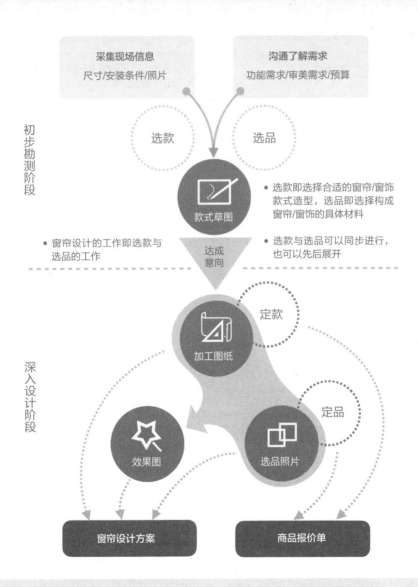

初步勘测阶段

采集现场信息
尺寸/安装条件/照片

沟通了解需求
功能需求/审美需求/预算

选款

选品

款式草图

• 选款即选择合适的窗帘/窗饰款式造型，选品即选择构成窗帘/窗饰的具体材料

• 窗帘设计的工作即选款与选品的工作

达成意向

• 选款与选品可以同步进行，也可以先后展开

深入设计阶段

加工图纸

定款

效果图

选品照片

定品

窗帘设计方案

商品报价单

• 定款即确定款式造型，在绘制加工图纸时将所有款式造型细节一一确定。
• 定品即确定所有商品材料选品的具体名称、型号、图片。
• 定款与定品后，可制作效果图。效果图完成后如不满意可重新调整选款与选品。
• 最终效果满意后制作窗帘设计方案，同时完成商品报价单。

窗帘/窗饰设计的基本流程图

客户想要什么？

产品属性
产品所处空间性质
使用人员/使用频率

功能需求
物理性能
遮光性　遮隐性
节能　保温　隔音
防潮　防水　防污　防静电
抗菌　耐磨
材料特性
材料环保性　材料易打理
操控方式
操控智能性　操控便捷性

审美需求
装饰风格关键词
厚重的/轻盈的
丰富的/简约的
多彩的/素雅的
垂顺的/自然的
复古的/现代的
经典的/个性的

其他因素
有明确意向的
有明确预算的

现场能装什么？

产品类型
平开式布艺帘
□平开帘　□移帘　□掀帘　□绷帘
升降式布艺帘
□罗马帘　□气球帘　□卷帘
窗幔
□平幔　□褶裥幔　□波幔
□复合幔　□明杆幔　□假幔
窗帘盒
□硬窗帘盒　□软包窗帘盒
成品窗饰
成品遮阳帘
□卷帘　□百叶帘　□风琴帘　□柔纱帘
□斑马帘　□罗马帘　□屏风帘
□垂直百叶帘　□垂直柔纱帘
成品遮阳窗饰
□百叶窗　□防风卷帘　□内置遮阳帘
□户外百叶　□天幕帘　□遮阳篷
成品装饰帘
□线帘　□金属帘　□编织帘
□串珠帘　□半帘　□咖啡帘

安装方式
□明装导轨　□嵌入式导轨
□直轨　□弯轨　□幔轨　□导轨套件
□罗马杆　□伸缩杆　□房挂墙钩
□顶装　□侧装　□吊装
□框内　□框外　□窗上
□手动　□电动

设计怎样的产品？

单件产品

☐布帘（平开）　☐纱帘（平开）

☐窗幔　☐布艺升降帘

☐窗帘盒　☐成品窗饰

产品组合

☐布帘+纱帘

☐布帘+窗幔

☐布帘+升降帘

☐布帘+窗帘盒

☐布帘+成品窗饰

☐纱帘+窗幔

☐纱帘+升降帘

☐纱帘+窗帘盒

☐纱帘+成品窗饰

☐布帘+纱帘+窗幔

☐布帘+纱帘+升降帘

☐布帘+纱帘+窗帘盒

☐布帘+纱帘+成品窗饰

☐升降帘+窗幔

☐升降帘+窗帘盒

☐升降帘+成品窗饰

☐布帘+升降帘+窗幔

☐布帘+升降帘+窗帘盒

☐布帘+升降帘+成品窗饰

☐窗幔+成品窗饰

☐窗帘盒+成品窗饰

选择怎样的面料？

用途

☐主布　☐配布　☐纱　☐衬布

色调

☐白　☐沙　☐黄　☐绿　☐青　☐蓝

☐粉　☐红　☐橙　☐紫　☐咖　☐黑

☐灰　☐银　☐金

纹样

☐平纹　☐点阵纹　☐格纹　☐条纹　☐条花纹

☐花卉植物　☐动物昆虫　☐自然肌理

☐几何图形　☐装饰图案　☐抽象图形

☐大马士革纹　☐佩兹利纹　☐莫里斯纹

☐伊卡纹　☐团花纹　☐卷草纹

☐折枝纹　☐朱伊纹

材质感

☐棉　☐麻　☐丝绵　☐真丝　☐毛　☐雪尼尔

☐绒　☐麂皮绒　☐化纤　☐混纺

功能性

☐阻燃　☐纱线阻燃　☐防污　☐防潮

☐遮光　☐隔音　☐健康　☐环保

☐单向透视　☐户外专用

生产工艺

☐色织　☐染色　☐提花　☐印花　☐压花

☐烫金　☐烂花植绒　☐磨绒　☐激光雕刻

☐经编　☐绗缝　☐复合

门幅

☐定宽≈140cm　☐定宽≈280cm

☐定高≈280cm

价格带

......

转下页

选择怎样的工艺?

帘身工艺

□单层 □加衬布

□加遮光衬布 □加棉芯

缝纫工艺

□绗缝 □定位刺绣

□花式缝线 □无明线

塑形工艺

□加黏合衬 □加垂重

□加牵引线

定型工艺

□热定形

选择怎样的装饰?

平开帘帘头造型

□打孔式 □穿杆式

□吊带式 □褶裥式

褶裥式帘头造型

□蛇形 □漏斗形 □圆管形

□欧式三裥褶 □欧式两裥褶

□法式褶 □韩式褶 □酒杯褶

□工字褶 □蜂巢褶 □抽带褶

□细棍褶 □铅笔褶 □气球褶

平开帘帘身造型

□垂直 □扎起 □掀起

□中间扎起

平开帘帘身装饰

位置:□侧边 □帘头 □下摆

装饰:□包边 □镶边 □加边

□上下相拼 □左右相拼

□加花边附件

升降帘帘身装饰

位置:□帘头 □两侧边 □下摆

装饰:□包边 □镶边 □加边

□上下相拼 □左右相拼

□加花边附件

......

窗幔装饰

*成品窗饰类商品的深化设计程度有限,

细节需同供应商协商。

添加哪些辅料配件?

花边附件

□穗花边 □流苏 □滚绳

□蕾丝 □饰带 □吊穗 □绑带

□花盘 □扣饰

轨道配件

□房挂 □挂钩 □圈环

□铅块 □铅线

□龙骨 □边索 □边框

□滑车 □拉杆

□电动/智能配件

第 9 章

从成交到交付

关于定制窗帘销售订单

定制窗帘项目的执行过程

定制窗帘项目的流程及节点

每一个定制窗帘项目的执行过程都分为设计阶段和生产阶段。始于勘测，终于交付，其间的关键节点是成交。这里需要注意：设计工作并不是在成交之后就结束了，同客户签约后仍然需要做许多指导产品生产、保障成功交付的深化设计工作。

成交时最重要的动作就是签订定制窗帘销售订单。销售订单源于方案提报时的商品报价单，但比报价单更加详细。

×××××定制窗帘销售订单

项目名称： 　　　　　　　　　　　联系方式：
安装地址： _

序号	区域/位置	项目	产品	成品尺寸		褶裥倍数	材料	型号
				宽(cm)	高(cm)			
CL01	客厅/南	工字幔+平开帘	工字幔			1	主布	
							配布	
							衬布	
							饰带	
							装饰扣	
			平开布帘			2.5	主布	
							配布	
							衬布	
							饰带	
							花边	
			平开纱帘			2	纱	
							饰带	
			轨道/配件	/	/	/	轨道	
							房挂	
							帘穗	

定制窗帘销售订单

定制窗帘业务的复杂性、专业性也体现在销售订单的格式上。除去最基本的项目信息以及企业各自的商务条款等，最复杂的内容就是定制商品详情。

以右图这幅款式并不算太复杂的工字幔平开帘为例，其所属位置、尺寸规格、制作要求，以及构成产品的大大小小十几项材料型号、用料及费用，还有加工费，这些都需要详细完整地呈现，并且保持内容结构的逻辑清晰，让客户一目了然。

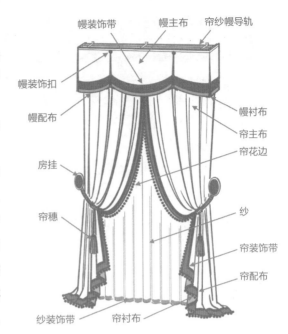

销售人员：
设计人员：

订单编号：
安装日期：

材料费用					加工费		合计 (元)	备注
门幅 (m)	用料 (m)	单价 (元/m)	小计 (元)	合计 (元)	单价 (元/m)	小计 (元)		
/								
/		元/件						
/								
/								
/								
/								
		元/对			/	/		
		元/对						

＊ 此表单尾部应还有企业相应的"商务条款"及"客户确认签字"等内容。

定制布艺窗帘的算料

布艺窗帘的算料（面料、辅料的用量计算）非常具有难度，它是窗帘成交背后最重要的基础工作。不同窗帘款式的面辅料用料以及加工费的计算公式，是每家定制窗帘企业的核心技术文件。

学习窗帘算料首先要搞明白算料的逻辑，也就是如何从原始窗户尺寸到窗帘尺寸，再到面料尺寸，再到面料开料，最终推导出面料用料的步骤。

一幅平板罗马帘的算料步骤

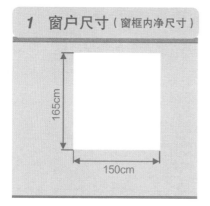

1　窗户尺寸（窗框内净尺寸）

165cm

150cm

窗户尺寸：宽150cm×高165cm

2　安装位置（两种安装位置）

框外安装

框内安装

框内安装

框外安装

* 框内安装时，通常为了升降时更顺畅，罗马帘左右两边要各留约1cm的空隙。

* 框外安装时，遮光性更好，罗马帘比窗户"大一圈"（具体数值根据实际情况来定）。

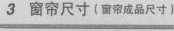

3　窗帘尺寸（窗帘成品尺寸）

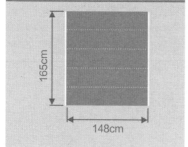

165cm

148cm

框内安装：宽148cm×高165cm

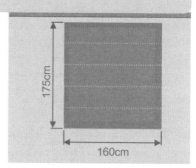

175cm

160cm

框外安装：宽160cm×高175cm

4　面料尺寸

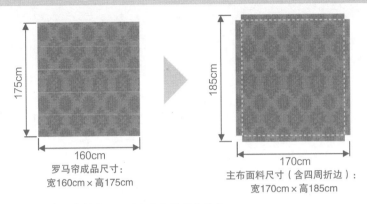

罗马帘成品尺寸：
宽160cm×高175cm

主布面料尺寸（含四周折边）：
宽170cm×高185cm

* 常规罗马帘由两片面料制成：正面主布和背面的衬布。

* 主布面料的四周会有"折边"翻到背面与衬布缝合，因此在计算罗马帘主布面料的尺寸时要加上折边（折边的量并不固定，通常不小于2cm，此处以5cm为例）。

5　面料开料（以最常见的280cm门幅定高及140cm门幅定宽面料为例）

180cm

280cm定高面料开料：罗马帘所需面料尺寸一般都在门幅范围之内，开料时剪足所需宽度即可，相对较简单。

* 面料开料时，都需要适当加一些松量。

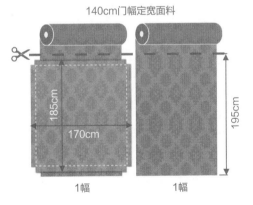

140cm门幅定宽面料

1幅　　　1幅

140cm定宽面料开料：须剪足所需高度，尤其是当罗马帘所需面料尺寸的宽度大于门幅时，一幅布不够，必须再加一幅。缝制时面料需做相拼（通常保持一整幅面料居中，另一幅面料裁开两片，拼于两侧）。

* 花型面料通常要对准花位再裁，这样用料会更多。

6　面料用料

280cm定高面料罗马帘主布用料：180cm
140cm定宽面料罗马帘主布用料：195cm×2幅＝390cm

布艺平开帘的基本算料步骤

布艺平开窗帘因为涉及褶裥和褶裥比例，所以算料比较复杂。褶裥是让帘片呈现凹凸起伏立体感的帘头构造，褶裥比例是有关褶裥饱满度的参数，简单说就是用料越多，褶裥越立体。

褶裥比例并不只限于褶裥式平开帘，其他吊带式、穿杆式、打孔式平开帘，以及所有有褶裥构造的升降帘及窗幔款式也都需要设定褶裥比例。

1 窗帘成品尺寸 = 窗户尺寸 + 安装位置增量

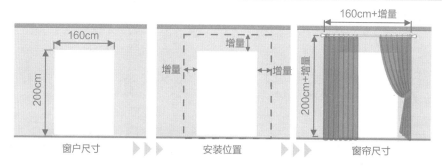

* 安装位置增量根据实际现场安装条件以及美观度需求而定，步骤2的尺寸供参考。

2 同一窗帘成品尺寸，如褶裥比例不同，效果差异巨大

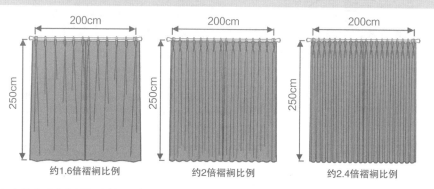

约1.6倍褶裥比例　　约2倍褶裥比例　　约2.4倍褶裥比例

* 布艺平开帘的褶裥比例要2倍以上才能体现出帘身的韵律美感。

* 通常平开帘的褶裥比例最少不能小于1.5倍，最多不应超过2.5倍。

* 专业的做法是在店面或展厅将三种不同褶裥比例的标准样品陈列出来，让客户直观地感受到褶裥比例与窗帘成品美观效果的关系。

3 面料尺寸 = 窗帘尺寸 x 褶裥比例 + 面料折边

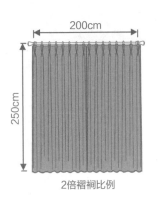

2倍褶裥比例

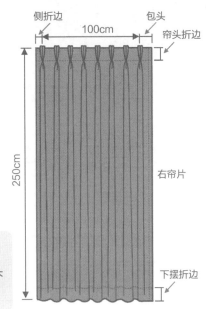

平开帘每片帘片面料尺寸：

宽度 = 窗帘成品宽度 × 褶裥比例 + 侧折边 + 包头

高度 = 窗帘成品高度 + 帘头折边 + 下摆折边

* 面料尺寸包含帘片正面看得到的面料，也包括帘片四周翻折到背面的折边，以及折边缝纫所需的卷边的量。

* 不同窗帘企业会对各种产品系列的相关折边、包头等制定不同的工艺标准。经验丰富的设计师也可以对这些产品细节提出自己的要求。

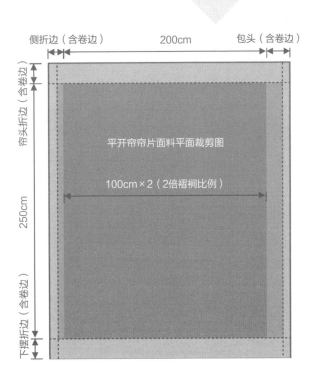

平开帘帘片面料平面裁剪图

100cm×2（2倍褶裥比例）

4 280cm 门幅面料的面料开料及面料用料

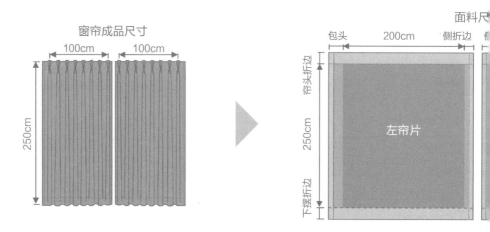

* 280cm 定高面料默认的规格是：高度固定，宽度方向展开。因此在开料时是"剪宽度"。
* 大部分窗帘所需面料尺寸高度小于280cm 的门幅，所以只需剪足所需面料宽度即可。
* 如窗帘所需面料尺寸高度稍大于门幅，则可以在上下折边处拼接面料以补足。
* 如窗帘所需面料尺寸高度远大于门幅，有些面料可以横着做，算料用定宽面料的方法；如果是无法横着做的，则需要设计帘片上下拼接装饰。

5 140cm 门幅面料的面料开料及面料用料

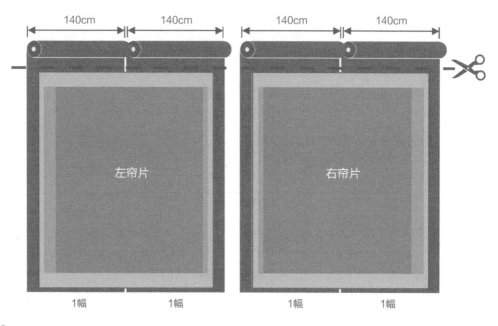

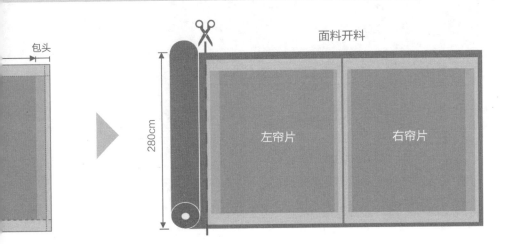

面料开料

包头

280cm

左帘片

右帘片

280cm定高面料常规高度平开帘主布用料：
（窗帘成品宽度 × 褶裥比例 + 折边 + 包头）× 片数

* 140cm定宽面料默认规格是：宽度固定，高度方向展开。因此开料时是"剪高度"。
* 140cm的门幅一般都窄于平开窗帘帘片所需面料尺寸的宽度，制作一片帘片需要多幅面料做拼接补足所需宽度。因此定宽面料在算料时，首先要计算幅数（需要几幅面料）。
* 幅数必须是整数，计算好后，幅数乘以每幅面料所需的高度，得出最终所需总用料米数。
* 定宽面料在制作窗帘时往往需要几幅面料相拼，因此帘身会有拼缝。专业的做法会将这些拼缝尽量隐于帘身褶裥的凹陷处。

140cm定宽面料平开帘主布用料：
① 计算幅数
幅数 =（窗帘成品宽度 × 褶裥比例 + 折边 + 包头）× 片数 / 门幅（取整数）
② 计算用料米数
用料米数 =（窗帘成品高度 + 帘头折边 + 下摆折边）× 幅数

* 衬布面料的算料方式与此类似，只是少了一些折边的量。其他需要计算幅数的窗帘窗幔款式，算料步骤都基本如此。

布艺平开帘之对花面料算料

窗帘成品尺寸

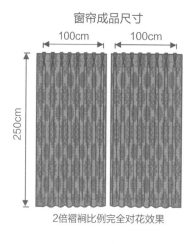

2倍褶裥比例完全对花效果

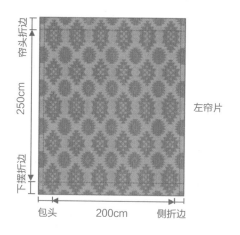

1 280cm 门幅对花面料的面料开料及面料用料

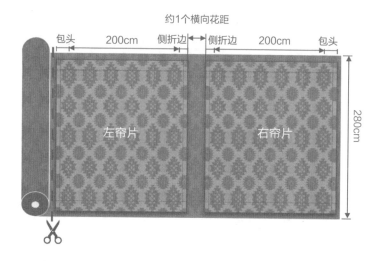

* 完全对花效果即每片窗帘帘片上的图案完全一致，且花形完整。塑造完全对花效果，开料时每片帘片都须对准花位，定高面料通常需多加1个横向花距的量。

280cm 定高对花面料常规高度平开帘主布用料：

（窗帘成品宽度 × 褶裥比例 + 折边 + 包头）× 片数 + 横向花距

2 140cm 门幅对花面料的面料开料及面料用料

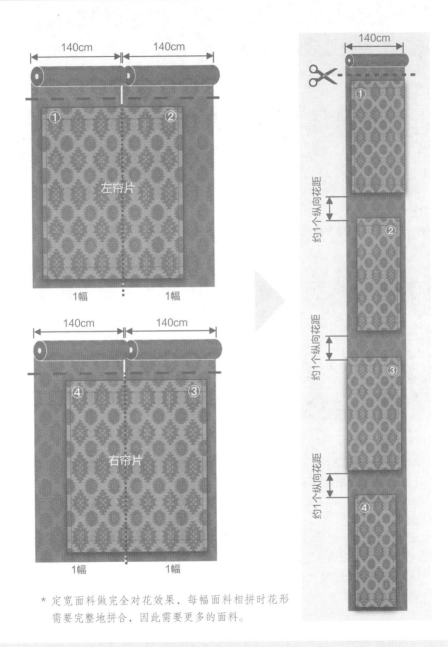

左帘片

右帘片

约1个纵向花距

约1个纵向花距

约1个纵向花距

* 定宽面料做完全对花效果，每幅面料相拼时花形
  需要完整地拼合，因此需要更多的面料。

140cm定宽对花面料平开帘主布用料：
（窗帘成品高度＋帘头折边＋下摆折边）× 幅数＋纵向花距 ×（幅数－1）

窗幔的算料

窗幔的算料看起来似乎比较复杂，但只要将它们的裁片（面料尺寸）画出来，放在面料上放样排版就很直观了。尤其是平板幔、工字幔、褶裥幔这些比较平面化的款式。

双层平板幔

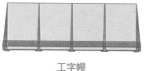
工字幔

抽带褶裥幔

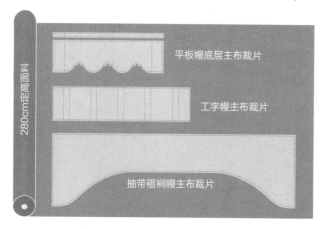

280cm定高面料

平板幔底层主布裁片

工字幔主布裁片

抽带褶裥幔主布裁片

140cm定宽面料

平板幔花布取花裁片

- 平板幔的裁片（面料尺寸）就是其成品尺寸加上两侧包头以及四周的缝边。
- 工字幔、褶裥幔需要计算具体的褶裥比例。
- 280cm定高面料，常规按照面料方向裁剪，如果只裁一个幔，会比较浪费面料，可以多个幔套裁。
- 140cm定宽面料，若按照面料方向裁剪，往往需要多幅面料拼接，算料时就要先算幅数。制作时需要思考拼缝的位置及装饰处理。
- 对花面料裁幔取花，会需要更多的面料损耗。

平板幔、褶裥幔主布用料：

280cm定高面料：幔成品宽度 × 褶裥比例 + 包头 + 缝边

140cm定宽面料：（幔成品高度 + 缝边）× 幅数（幔宽 × 褶裥比例 + 包头 + 缝边）/ 门幅

波幔的算料比较特殊

常规波幔（波旗幔）都是将每个"波"和"旗"先分开独立裁剪制作，最后再缝合成一体的。而常规"波"的默认裁剪方式是"斜裁"。因此波幔裁剪开料时的放样排版相对复杂些。

波旗幔
（2波3旗）

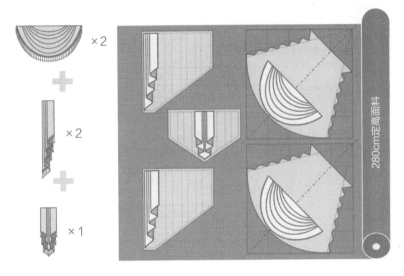

- 波幔的开料 "波"和"旗"的裁片在面料上可以有多种放样排版方式。原则上排版时每块裁片上面料方向应保持一致，以避免最终成品效果出现差异。但如有些面料的外观效果不受方向变化的影响，那就可采用更为灵活紧凑的排版方式，以达到省料的目的。

- 波的算料 由于波特殊的斜裁方式，因此无法像其他造型的幔那样通过成品尺寸直接推导出精准的用料量。业内有一个粗略笼统的用料口诀：宽度90cm以内的波，窄幅面料1.4m裁一个波，宽幅面料1.4m裁两个波；宽度90cm以上的波，宽幅面料1.4m裁一个波。

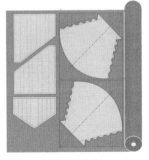

紧凑型开料排版

波幔及更为复杂的复合幔，常常需要通过制图放样来得到精准的用料数据。设计师可以借助制图软件来得到数据；加工厂可以将常用款式制成模板，将数据标准化。而特殊的设计款，则需要通过纸样或废布预先打样来确定所有面料辅料的精确用量。

一款高规格布艺平开帘是如何生产出来的?

一套高标准的生产流程规范,是保证窗帘产品高质量交付的必需条件。我们以最能体现工艺流程标准的褶裥平开帘(衬布固定款)为例,来看看生产一款漂亮窗帘需要经历多少道严格专业的工序。

面辅料质检

操作岗位:质检员

① **核对产品型号/数量** 根据生产订单核对面辅料及配件产品的型号/色号,测量核对产品的尺寸、规格、数量。

② **质量检查** 用验布机仔细检查面料产品是否有色差、污渍、纱结、漏光点、纬斜等外观问题,用鼻子闻是否有异味,轻轻揉搓,看面辅料是否有掉色、留痕、跑纱等问题。

③ **确认签字** 质检人员完成以上工作后,在相关流程表单上签字确认。

开料裁剪

操作岗位:裁剪师

① **确认面料正反** 将面料正面在裁剪台上对折平铺,对齐标尺刻度。

② **确认花形方向** 花型面料通常需对花裁剪,有花形方向不明的需同样本样品比对确认。

③ **裁剪开料** 缝纫师根据生产要求进行排料开料。完成后,将所有裁片及相关辅料打包周转至下一工序,并在相关流程表单上签字确认。

> ⚠ **关于面辅料质检** 如发现有微小瑕疵,可同生产负责人沟通确认裁剪时是否能避开瑕疵点,如问题严重,必须同供应商联系做退换货处理。

缝制帘身

操作岗位:缝纫师

① **配线** 根据主布、衬布的颜色和质地配置相应缝纫线。

② **拼缝** 将需要相拼的面料对齐拼缝成整片。注意需将小片面料拼于帘片外侧。

③ **熨烫** 将整块面料熨烫平整,尤其拼缝处需平整服帖。

④ **缝底折边** 根据尺寸要求将主布、衬布的底折边先熨烫定位,然后缝制好。

⑤ **定高裁剪** 将主布悬挂后剪出精准高度(含折边)。

⑥ **上帘头衬带** 在主布帘头位置缝制专用帘头衬带。

⑦ **缝制窗帘顶边** 将主布和衬布反面相对在地上铺平,然后用大头针将它们三边固定,主布顶折边包住帘头衬带后与衬布顶边缝合。

⑧ **缝制窗帘侧边** 先将缝制好的顶边熨烫平整,然后将主布与衬布的侧折边位置熨烫定位,最后缝合。

⑨ **上布标** 缝制侧边时将布标(窗帘产品信息标/品牌标/

水洗标）缝制在规定位置。

⑩ **缝垂重铅块**　将无纺布包铅块缝制在窗帘两底角位置。

⑪ **缝制四角**　用手工缝制帘片四角，下角45°收口。

固定衬布款平开帘的下摆处理

* 这种衬布三周固定式的生产工序相对比较复杂，属于高端平开帘的标准工艺。

* 其他款式的生产工序会精简不少，但合理的分工、清晰的责任、严格的质检都是必不可少的。

半成品质检

操作岗位：质检员

① **核对尺寸**　测量核对帘片高度尺寸。

② **检查拼缝**　仔细检查拼缝处是否平整服帖。

③ **检查对花**　如窗帘有对花

要求，需检查：同一空间内所有帘片上的花形高度位置是否一致，每片帘片上拼缝处花形是否对齐且完整。

④ **修剪线头**　修剪帘片上遗留的缝线线头。

⑤ **检查布标**　检查布标缝制位置是否平整，布标上的内容是否正确。

⑥ **确认签字**

缝制褶裥

操作岗位：缝纫师

① **缝制褶裥**　在帘头根据设计规格缝制褶裥。

② **熨烫**　熨烫每个褶裥，使它们更有型、整齐。

⚠ **关于褶裥的加工**　褶裥的品种丰富，其中抽带式褶裥的加工相对简单。独立式褶裥的工艺则复杂很多，需要计算褶裥个数、褶裥面料量以及褶裥间距。而且很多造型独特的独立式褶裥只能依靠手工缝制。

成品质检

操作岗位：质检员

① **核对尺寸**　测量核对帘宽（第一个褶裥到最后一个褶裥的距离）。

② **修剪线头**　修剪褶裥缝纫时遗留的线头。

③ **配置挂钩**　在每个褶裥背后穿上挂钩，并调节到同一高度。

④ **成品悬挂检验**　将窗帘悬挂在升降轨道上，检查最终整体效果。

⑤ **确认签字**

⑥ **折叠包装**　成品质检合格后，将帘片"风琴式"折叠，再用包装带固定，并在外部贴商品信息标签（项目/位置/尺寸等）。

⑦ **装箱入库**　最后将该项目的所有窗帘及配件清点后统一装入包装箱，箱外贴商品清单标签。入库等待出货。

布艺平开帘风琴式折叠包装

一些好的窗帘工艺

对窗帘生产工艺的熟知，是窗帘设计师必备的专业素养之一。除了熟悉各类窗帘产品的基本生产流程以外，对各种档次窗帘所匹配的工艺也应有全面的了解，并熟练地运用到每个设计项目中。

双层（带衬布/遮光衬布）

高端窗帘就像高档礼服一样，都应该是有衬里的。在一些装饰风格复古、华丽的空间，只有配有衬布的窗帘才能体现出相匹配的厚重感和层次感。

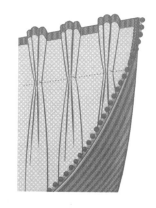

高端窗帘会更多地选用纯天然材质或含有天然材质的混纺面料，这些高级面料都需要加衬布来保护（防褪色、防老化）。那些中低端的纯化纤面料窗帘，也可通过加一层衬布来增加品质感。

在有高遮光度需求的空间，比如卧室、影音室等，窗帘都需要加一层衬布甚至专门的遮光衬布来达到相应的遮光度。

衬布和辅料花边一样，可以成为窗帘设计的亮点。有的设计案例会考虑从窗外看到的窗帘效果，或是窗帘需要摆出掀起来的造型，这些时候，衬布的选择就更为重要了。

夹芯

有些特殊需求的窗帘，比如为了增加其保暖、隔音等功能，或者有些单薄的面料（如天然真丝布）要增加厚实的质感，在主布与衬布之间，会再添加一层棉衬甚至棉芯。

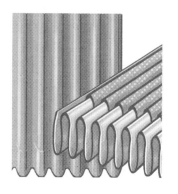

热定型

热定型又称"蒸汽定型"，是源自日本的一种窗帘后整理技术。将原本垂性不佳的布帘帘片用塑形模板加固后，利用高温高压对其进行"记忆定型"，从而使得窗帘在后续使用过程中能较长时间保持均匀垂顺的形态。

热定型技术有很多局限：只能用于化纤面料的布帘；只能应用于无衬布的单层窗帘。所以它的本质属于针对中低端面料单层窗帘的一种帘身改良工艺。

包头

在一些可以看到窗帘两侧的非满墙窗、转角窗、飘窗上，为了防止光线侧漏以及纱帘外露，会在布帘帘片的两外侧做包头结构。有没有包头是衡量平开帘是否高档的标准之一。

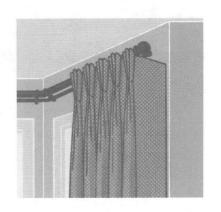

包头也属于窗幔的标准工艺，能看到侧面的窗幔都需要制作包头，窗幔如果有边旗的话，边旗也需要单独制作包头。

褶裥比例、褶裥量与褶裥间距

褶裥比例的多少直接决定了平开窗帘的档次：2 倍褶裥比例属于最基础的中高端标准，2.5 倍左右的属于高端，小于 2 倍的就比较低端了。

具体到尺寸细节：褶裥量（每个褶裥所需的面料量）大于 12cm，褶裥间距小于 12cm 才能做出高端效果。

完全对花

花布窗帘，如帘布需要面料相拼时，就需要对花。对花的方式有两种：平行对花和完全对花。

高档窗帘一定会选用花形图案完整拼合的，同时也更为费料的完全对花的方式。

平行对花　　　　　　　　完全对花

无明线

跟高档礼服一样，很多追求完美效果的高档窗帘也会采用暗缝技术，让窗帘表面看不到任何缝纫线迹针脚。暗缝可以使用专门的暗缝机，也有很多情况需要纯手工缝制。

花边辅料预缩处理

花边、饰带、滚绳等装饰辅料由于熨烫后的收缩率同窗帘面料不同，窗帘/窗幔上的辅料缝制完成后，尽管本身缝得很平整服帖，但一经熨烫就会出现抽皱、扭曲的现象。所以专业的做法是在花边辅料裁剪缝纫之前增加一个预缩工序：用高温熨烫或者用蒸汽蒸一遍。

窗帘行业，以及家纺、服装行业，都还有着很多值得研究的好工艺有待每位窗帘设计师去发现。

窗帘的安装

窗帘通常是最后进场的软装商品，它的成功交付往往可以为整个装修工程画上完美的句号。相较其他软装商品的摆场式交付，窗帘的安装工作最为复杂。

安装前的准备

①同客户结清订单尾款（款清出货是窗帘零售业务的基本原则）。

②同客户确认上门安装时间及项目现场情况。

③协同安装技师按需准备安装工具（尤其注意是否需要高梯/脚手架等特殊工具）。

④制作窗帘商品出货单，复杂项目需制作窗帘安装点位图。

⑤协同商管部门清点项目商品，同物流部门最终确认派单出货时间。

ＸＸＸ窗帘商品出货单　　出货单号：

项目名称：　　　　　　　　　　　　　　　　订单编号：
联系方式：　　　　　　　　　　　　　　　　安装日期：
安装地址：
销售人员：　　　　　　　设计人员：　　　　安装人员：

商品序号	所在位置	商品细项	商品尺寸 宽×高（cm）	单位	数量	备注	签收
CL-01	客厅/南	工字幔		副	1		☐
		平开布帘		片	2		☐
		平开纱帘		片	2		☐
		轨道	/	套	1		☐
		房挂	/	对	1		☐
		绑带	/	对	1		☐
		......					

客户签收：　　　　　　　　　　　　　签收日期：

窗帘安装点位图

当碰到有些窗帘产品数量较多的复杂项目，尤其是设计师不能亲临现场指导安装的情况，那就一定要制作一份有详细产品编号及安装位置的窗帘安装点位图交给安装人员。

窗帘安装工具

窗帘安装时需携带的工具很多，除了仍会用到的基础测量工具（安装前复核产品尺寸）、梯子、劳防用品以外，还需要各种专业安装施工工具、现场防护保洁工具以及商品后整理工具。

如遇到特殊项目还需准备特殊的工具，比如：高窗、超高窗会用到脚手架，电动 /智能窗帘会用到电工工具，甚至有些异形窗帘需要现场再做局部的调整，那就还需携带裁剪、缝纫工具。

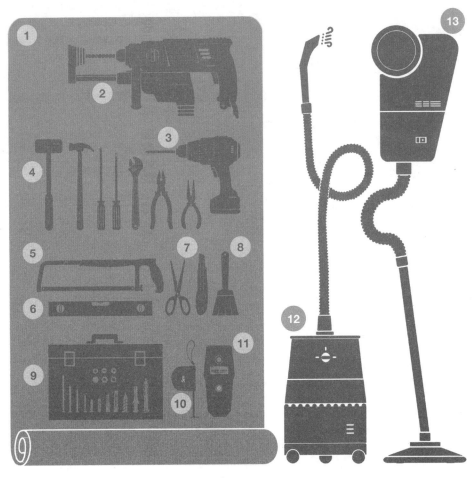

❶保护地垫　　❷冲击电钻（附带吸尘配件）　　❸无线电钻/电动螺丝刀

❹锤子、螺丝刀、扳手、钳子　　❺钢锯（用于轨道及配件的临时尺寸改造）

❻水平尺（轨道安装时找平）　　❼剪刀、美工刀（拆包装、修剪线头等）　　❽清洁刷

❾工具箱/各种螺丝/安装配件　　❿卷尺　　⓫墙体探测仪　　⓬蒸汽熨烫机　　⓭吸尘器

窗帘安装作业流程及注意事项

安装前

1 准时到达项目现场

安装当日出发前电话联系客户告知预计到达时间，并尽量提前五分钟到达项目地址。

2 确认现场安装环境

进门后先同客户走一遍所有窗帘安装点位，确认现场是否符合施工条件，确认卸货路径，并确定商品及工具堆放位置。

3 卸货

先在确认位置铺好保护地垫，所有商品及工具应全部放置在保护地垫上。商品可按房间分放好，拆除外包装并再次清点核对商品数量及项目。拆除的包装及垃圾及时收纳好，施工结束后带离。

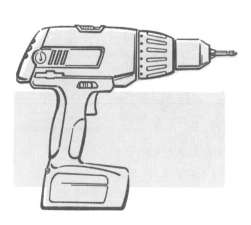

4 核对尺寸

每处窗帘安装前须先复核窗户与窗帘尺寸，确认无误后再安装。

5 锯轨道

很多时候窗帘轨道需要在安装现场确定并制作成最终的精确尺寸。分割轨道应在保护地垫上操作，完成后及时用清洁刷、吸尘器清理轨道及地上的施工垃圾。

6 安装面打洞

根据轨道的承重标准确定安装支架的数量及安装位置，施工前先询问客户并用墙体探测仪确认安装面内部是否有管线或其他预埋物，确认无误后用带有吸尘套件的冲击钻打孔。所有孔打好后用清洁刷、吸尘器由上至下将墙面地面清洁干净。

7 安装支架

支架安装时根据承重标准使用相应规格的膨胀管及螺丝。一些特殊安装面，比如石膏板要用专门的石膏板膨胀螺丝。支架必须安装牢固、平正，不能有晃动、倾斜。

安装后

8 安装轨道

将轨道安装在支架上之后要用水平检查是否水平，如有偏差需对安装支故调整。

9 安装房挂

项目中如配有房挂商品的，需在安支架时一起定位打孔。房挂的常规安高度为离地120cm左右，具体安装位需同客户事先确认。

10 挂帘

清洁现场并洗手，然后拆除窗帘包开始挂窗帘，根据设计意图调节帘片度，下摆需在一条水平线上。先挂帘挂幔，窗幔需仔细整理造型。

11 检查窗帘

检查窗帘外观效果：

• 尺寸是否完全匹配？

• 是否漏光？

• 是否有面料或做工瑕疵？

• 检查窗帘使用功能：

• 是否开合轻松顺畅？

• 电动/智能功能是否正常？

……

12 熨烫与整理

用蒸汽熨烫机对帘身及窗幔进行熨烫。烫除面料表面皱褶折痕，并对褶裥、垂波、旗等造型边整理边熨烫塑形。

13 拍"定妆照"

熨烫整理完成后，将帘子摆出最佳造型，并再次清理现场，选择好构图，拍照留底。

14 客户验收签字

陪同客户对所有窗帘逐一进行验收，向客户介绍每件商品的使用方法及注意事项并当场演示。所有商品验收好后，请客户在窗帘商品出货单上签字确认。（如有商品出现问题，也在出货单上备注并双方签字）。

> * 如有商品相关使用说明、质保证书等资料，或面料余料、赠品等其他物料，也在此时递交给客户。

15 做好窗帘保护

如项目现场尚未做好开荒保洁，在安装工作的最后需将所有窗帘帘片靠边收拢，用窗帘内包装袋包套好下摆，并用扎带系好。

关于窗帘的售后问题

　　窗帘因其整体销售流程复杂、环节众多，前期导购、现场测量、设计选品、原材料采购、窗帘成品加工、交付安装……每个环节的工作疏忽或衔接不畅都会导致售后问题。窗帘的售后问题大致分为以下几类。

- **商品质量问题** 面料、辅料、轨道、配件等商品的质量问题及瑕疵等。
- **加工品质问题** 款式做错、尺寸错误、加工工艺瑕疵等。
- **测量服务问题** 数据测量错误、款式记录错误等。
- **安装服务问题** 安装位置错误、现场未做清理、损坏现场物件等。
- **设计及销售服务问题** 设计方案有问题、销售下单错误等。
- **其他问题** 商品或服务信息传达及沟通问题、突发事件等。

　　一家成熟且专业的窗帘企业会针对每一项售后问题设置相应的处理办法和流程规范。为防患于未然，在日常的各项工作中也会不断研究制定系统的、细致的操作规范及规章制度将售后率降到最低。

面对售后问题，窗帘设计师要怎么做？
窗帘设计师作为项目方案的主导人会经常参与各种售后服务工作，应当做到以下几点。
- 耐心地倾听客户的反馈和诉求。
- 及时地回应解决方案及处理进程。
- 保持友好和诚信的态度。
- 在遵循企业售后服务政策和流程的前提下给予客户最优的解决方案。

关于如何尽可能地避免售后问题，作为设计师，要好好思考以下三句话。
放松地设计、谨慎地执行。
每一个美好的窗帘设计创意要变成完美的成品，必须经过一步步细心、细心、再细心的执行。
只做专业面的承诺。
客户对设计师的信任源自专业、基于诚信，不对客户做专业面以外的承诺，而专业面以内的承诺，一旦做了就一定要兑现。
事先告知是专业，事后告知是诡辩！
对于可预见的问题一定要事先告知客户。实事求是，不为了取悦客户而只说"好话"。"丑话说在前面"是一种专业的表现。

金涌

上海人　1974年生人

作者简介

毕业于中国纺织大学（现东华大学），2004年进入软装设计行业，历任多家家居企业设计管理岗位。2017年起专注于窗帘设计研究，创办窗帘设计专业学习机构"学帘社"。2019年开始撰写此书，历时四年，独力完成此书的所有文字、插图及版式设计。